超惊奇！
被误解的动物

动物的那些事儿

〔日〕今泉忠明 编

〔日〕小崎雄 文

〔日〕吉村好之 图

左俊楠 陈榕榕 译

好想有同伴哦，呜呜呜……

云南出版集团　晨光出版社

前 言

关于动物，你不知道的事儿多着呢！

这本书名叫《超惊奇！被误解的动物》，既然有误解存在,就必然会有很多流传已久的"谎言"。当然，这并不是说这本书里写的全都是谎言。从很久以前开始，人类就习惯不把别人的话听完,不经过深思熟虑就随意做出片面的判断。那些不负责的言论在生物研究领域屡见不鲜，时不时还会引发轰动和热议。然而也确实有人将错就错继续研究，就算遭遇了无法想象的失败也毫不畏惧，仍然饶有兴致地坚持研究，直到发现真相。可以

说生物学就是在无数错误认知的基础上不断进步发展起来的。

　　当下处于互联网时代，各种各样的信息错综复杂，想要分辨哪些是真的，哪些是谎言，变得越发有难度了。不过，即使是一些所谓谎言，我们也可以从中学到很多东西。那些令前人产生误解的例子，如果我们能加以了解，我想一定能帮助我们养成理性的思考方式，并使我们具备良好的判断力。

日本生物学家、作家
日本猫科动物科学研究所所长
今 泉 忠 明

目 录

第2章
不是这样的，你误会了

目　录

第3章
阴差阳错的取名故事

本书的阅读方法

作证者

控诉谣言的生物们。

解说图

在第 1 章至第 4 章的内容中，以图解的方式呈现了动物们的诉求。

基本信息

关于作证者的数据
（形体大小的主要表示方式）
全长：头顶到尾巴末端的长度
体长：头顶到尾巴根部的长度
身高：站立时从地面到肩部的高度
甲壳宽：甲壳的宽度
甲壳长：甲壳的长度

被误解指数

表示该种生物受误解的程度。

结论

总结生物们的控诉并辟谣。

登场人物

社长

兔耳新闻社的领导，同时还是一位资深记者，熟知生物知识，美中不足的是很喜欢说无聊的冷笑话，爱乱开玩笑。

兔美

新人记者，好奇心旺盛，但爱钻牛角尖，比如身为一只兔子，却总想尝试人类的食物。

动物们

通过控诉人们对自己的误解，展现了它们真实的、出人意料的一面。

好吧，
我们这样做吧！

好耶！
我们就这么办吧！

我还什么都
没说呢……

嘿嘿嘿！

小马瓷

各位，鉴于大家都有想要说的话，为了让大家能畅所欲言……

我们决定召开记者见面会，请大家在记者见面会上挨个儿发言吧！

哇哦哦——

不愧是社长！

气势凛然

第 1 章

那些我们误以为真的传言

~ 等等！那是误会 ~

朋友们！请听我说！

　　动物记者招待会开始了。人类对于动物的"误解"都有哪些呢？兔耳新闻社的社长和兔美也很好奇哦。

"误解大揭秘"正式开始！

噬人鲨

大家都认为噬人鲨**喜欢袭击人类……**

最喜欢吃人了！

其实人类**根本不是我们****爱吃的食物！**

基本**信息**

分类	软骨鱼纲鲭鲨科
分布	全世界的温暖海域
大小	全长约 6 米

被误解指数

噬人鲨

我想控诉的是，明明海豹和海狮才是我最爱的猎物，大家却总说我喜欢袭击人类！就因为这件事，我每天心情都很糟糕！

是这样吗？以时速 50 千米逼近，用尖锐的牙齿和强壮的下颌袭击人类，难道你不是这样的吗？

社长

捕猎的时候确实是这样……但我并不会主动袭击人类。

噬人鲨

但是，在电影里，你总是到处追击人类啊！

兔美

都是电影惹的祸，让人们对我产生了恐怖的印象。但是我刚刚说过了，我喜欢吃的其实是海豹和海狮。

噬人鲨

既然不喜欢吃人类，那你为什么还要袭击他们呢？

兔美

那是因为我误以为那些在海中游泳的人类是海豹之类的猎物，所以才会袭击他们。而且我一闻到血液的味道，看到鲜艳的颜色，就会兴奋起来，所以，一旦有人受伤，结果就变得不可控制了。

噬人鲨

原来你们不是专挑人类袭击的啊。接下来，要想不被误解，请不要搞错猎食对象，一定要"好好地"用餐哦。

社长

结论

噬人鲨之所以会袭击人类，是因为它们误把人类当成了海豹之类的猎物，或是闻到血的气味及看到鲜艳的颜色而兴奋起来的缘故。

误解认定

食人鲳

听说食人鲳是凶猛的
"亚马孙食人鱼"？

其实我们 相当胆小……

基本
信息

	分类	鲤形目脂鲤科
	分布	南美洲亚马孙河流域
	大小	体长 25～40 厘米

被误解指数

4

躲在那个角落里的是……啊！！亚马孙河的凶猛食人鱼——食人鲳！不过，它看上去怎么怯生生的？

兔美

食人鲳

是，是的。当我自己独处时，我就会感到害怕和不安。因此我们都是群居。

骗人！你总是跟着食人鱼大部队攻击那些进入河流的动物们，转眼间就会把它们啃得只剩下骨头，没错吧？你们凶猛又危险，那满嘴像刀一样锋利无比的牙齿就是证据！

社长

食人鲳

不，不是的。当有动物进入我们的水域时，我们反而会感到害怕，甚至会惊慌失措到处逃窜。

也就是说你们和进入河流遇到你们的动物一样都会陷入恐慌？可是，你们确实会攻击那些动物呀。

社长

食人鲳

这是因为我们一闻到血腥味，就会变得莫名疯狂，不由自主地乱咬一通。但是，只要那些动物迅速离开我们的领域，我们是不会特地去追它们的。

也就是说一般情况下你们不会追着我们咬？

社长

食人鲳

这仅适用于那些体型比我们大的动物，如果是小型的或者快要死掉的动物，我们就会吃掉它们。嘿嘿（阴险的笑）！

哎呀，讨厌，你别盯着我们笑啊，好恐怖（瑟瑟发抖）！

兔美

结论

食人鲳是一种很胆小的鱼，甚至无法独处，遇到其他动物就会陷入恐慌，但它一嗅到血腥味就会变得疯狂起来。不会攻击大型动物，但会吃小型动物。

误解认定

鸳鸯

其实我们根本不是什么
恩爱夫妻……

基本信息	分类	雁形目鸭科
	分布	东亚、俄罗斯等
	大小	全长 41~51 厘米

被误解指数

鸳鸯

人类总是把恩爱有加、关系亲密的夫妻比作鸳鸯，可真给我们添了不少麻烦呢。

咦，难道不是这样吗？说起鸳鸯，总是让人想到相濡以沫、白头偕老的恩爱夫妻呢。

兔美

而且，当老鹰等天敌来袭时，雄鸳鸯会保护雌鸳鸯。的确是"形影不离的鸳鸯夫妻"呀！

社长

鸳鸯

其实雄鸳鸯时时刻刻和雌鸳鸯待在一起，是为了防止它们被其他落单的雄鸳鸯抢走。拼命保护也是为了不失去它们，毕竟好不容易才成为一对儿呢。

嗯？并不是因为相爱才在一起的吗？

社长

并不是哦，等到雌鸳鸯一产卵，雄鸳鸯就会离开，既不会帮忙孵卵，也不会养育后代。而且，雄鸳鸯会立刻向其他雌鸳鸯求爱哦。

鸳鸯

啊啊啊——我对鸳鸯夫妻的印象算是毁了。

兔美

这完全是人类根据自己的想法给我们设定的形象哦。对我们来说，重要的是尽可能多的繁衍后代，所以作为鸭子的同类，我们每年都会更换配偶。

鸳鸯

嗯嗯，好吧！看来我们是真的误会鸳鸯了。

社长

结论

"形影不离的恩爱夫妻"也只是一起待到雌鸳鸯产卵为止。那之后，雄鸳鸯不会一起育儿，且每年都会更换配偶。

误解认定

斑鬣狗

据说斑鬣狗是**爱偷别人食物的卑鄙动物？**

实际上我们的狩猎技能很厉害！

被误解指数

基本信息		
分类	哺乳纲鬣狗科	
分布	非洲（撒哈拉沙漠以南的广大地区）	
大小	体长 95～166 厘米	

社长

哎呀！你就是传闻中专爱"横刀夺食"的斑鬣狗吧！你想控诉什么呢？

斑鬣狗

对对，我就是想说这个！哪里是"横刀夺食"啊，我们捕猎时一直是群体协作，很努力地去抓角马和羚羊呢。

兔美

是吗？既然你们有捕猎的能力，为什么还要去争夺其他动物的食物，吃其他动物吃剩下的东西呢？

斑鬣狗

因为即使我们抓到了猎物，也经常会被狮子之类的大型猛兽抢走啊。

社长

所以，你们其实也并不想吃别的动物吃剩的食物吧？

斑鬣狗

那当然啦。只不过我们的牙齿很锋利，而且下颚非常强壮，即便是大型动物吃剩下的食物，也会被我们啃得连骨头都不剩。

兔美

原来是迫不得已啊。那真是错怪你们了。

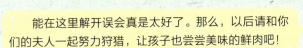

能在这里解开误会真是太好了。那么，以后请和你们的夫人一起努力狩猎，让孩子也尝尝美味的鲜肉吧！

社长

夫人？我是雌性哟。雄性斑鬣狗和雌性长得十分相似，很难用肉眼分辨出来。

斑鬣狗

哎呀，这又是个误会，真是太不好意思了！

社长

结论

斑鬣狗是群体协作捕猎。但因为猎物会被大型动物抢走，出于无奈才会与其他动物争夺食物，吃它们剩下的东西。

误解认定

9

牛

作证者

据说红色的布会**激起牛的战斗欲？**

其实并**不会因为红色**而兴奋！

被误解指数

★★☆☆☆

基本信息		
分类	哺乳纲牛科牛亚科	
分布	世界各地	
大小	体重 300~900 千克（非洲野水牛）	

牛

哞——我终于能控诉被人误解的事了。你们都知道西班牙的"斗牛"吗？

知道，知道！就是斗牛士摆动红色的布，牛见到红色就兴奋地冲过来，然后斗牛士和牛展开角逐的一种比赛吧。

社长

牛

哞——哞——就是那个，其实我看到红色并不会兴奋。因为我的眼睛几乎不能分辨出颜色。

原来如此。

社长

但是，参与斗牛比赛的牛都会朝着红布奔过去啊？

兔美

牛

如果有一块布在我们眼前晃来晃去，我们会以为出现了什么奇怪的东西，就会变得烦躁不安，并在瞬间被激起战斗欲。

这样说来，也可以用蓝色或黄色的布咯？

兔美

牛

不过，红色其实也是有意义的。因为红色好像最能让人类兴奋起来哟。

原来不是为了牛，是为了让人类变得兴奋呀。难怪斗牛比赛那么激烈。

社长

结论

参与斗牛比赛的牛并不会对红色产生兴奋感。看见红色会兴奋的其实是人类自己。

误解认定

11

座谈会
不易死亡的动物们

座谈会
参与者

大王具足虫

水熊

灯塔水母

大王具足虫

> 有些动物在人类眼中简直拥有"不死之身"。我们大王具足虫就是其中一员哦！

> 被误会成不死之身，其实也可以理解啦。因为你即便不吃饭也能生存呀。

水熊

大王具足虫

> 是啊！我生活在食物稀少的深海，所以忍耐饥饿的能力很强！被饲养在日本三重县水族馆里的大王具足虫就有 5 年多未进食的记录！

> 厉害！不过，还是会死的对吧。

灯塔水母

大王具足虫

> 嗯！养在水族馆里的大王具足虫最终还是死掉了。因为我们经受不住水温的变化。

> 其实，我也经常被误会哦。因为即使没有水和食物我也不会死掉。

水熊

大王具足虫

> 水熊具有超强的生命力呢。不管是在 150℃的高温中，还是在零下 150℃的低温中都能生存。

不吃东西的大王具足虫

拥有绝对防御能力和超强生命力的水熊

能返老还童的灯塔水母

我们都拥有不死之身！！

热死啦！！

噗咔

岁月不饶"虫"啊！

咯噔

我要把你吃掉！

啪咕

救命啊！

水熊

　　是的，即便在其他动物无法存活的真空环境，我们也能生存。不过，在这种环境里，我们的身体会蜷缩成圆桶状，进入隐生或假死状态从而延续生命。

厉害！不过，还是会死的对吧。

灯塔水母

水熊

　　嗯！一般水母的寿命只有 1 个月到 1 年，但灯塔水母却能返老还童，对吧？

　　是啊！等我们性成熟后就会重新回到幼虫阶段，恢复水螅型状态。因此，寿命是无限的。然而……

灯塔水母

要是被其他生物吃掉的话……

大王具足虫

当然就会死掉啦。

灯塔水母

日本短尾猫

你是不是以为猫最喜欢的食物是鱼？

鱼确实不错，**但如果有其他肉就更好了！** 喵——

基本信息

分类	哺乳纲猫科
分布	日本（原产国）
大小	体重约 4 千克

被误解指数

日本短尾猫

我想说的是，喵——其实我们最喜欢的不是鱼肉而是其他肉！喵——

咦？是这样吗？

社长

猫最喜欢吃的不就是鱼吗？

兔美

日本短尾猫

事实上，喵——我们的祖先生活在沙漠地带，最初主要捕食老鼠之类的小动物。喵——而且猫的同类大多不擅长在水边生存。所以其实猫从一开始就是吃肉的。喵——虽然鱼肉也是肉，不过……

既然生活在沙漠，又不擅长在水边生活，那猫应该不会专门去捕食水里的鱼了吧。可是为什么大家会认为"猫最爱吃鱼"呢？

兔美

日本短尾猫

大约是因为我们的祖先最开始是被一些渔民驯养的吧。渔民嘛，他们的鱼多得是，便总是随手丢几条喂猫，时间久了我们那些祖先也就习惯吃鱼了。其实我们只是爱吃新鲜美味的肉而已！喵——

原来是这样啊，那如果没有人喂鱼给你们吃，你们会怎么样呢？

兔美

日本短尾猫

在那种情况下，我们理所当然会喜欢吃其他肉啦。

看来捕捉老鼠和小鸟，这些都是猫的狩猎本能呀。

社长

结论

日本短尾猫原本生活在沙漠地区，会猎食老鼠、小鸟，还有蜥蜴。因此比起吃鱼，它们更喜欢吃其他肉哦。

误解认定

大熊猫

听说大熊猫**只吃嫩竹子？**

我是吃竹子的专家。

啊呜啊呜

其实我也**好想吃肉啊！**

基本信息		
分类	哺乳纲熊科	
分布	中国	
大小	体长 120~180 厘米	

被误解指数

16

大熊猫

其实，我也非常喜欢肉。我好想吃肉啊！

难道你最喜欢吃的不是竹子和竹笋吗？

兔美

大熊猫

你们都会这么想吧？小姐姐，你要不要也尝尝竹子啊？

不要，不要！竹子那么硬，纤维又多，我可吃不了那种东西。

兔美

大熊猫

其实，我原本也是食肉动物呢，所以一开始即便勉强吃了竹子，也几乎无法消化，导致有时候会肚子疼。

这样啊，大熊猫其实是熊的同类吧。那为什么要吃难以消化的竹子呢？

社长

大熊猫

很久很久以前，由于生态恶化，环境剧变，很多无法适应新环境的动物都去世了。我们的祖先为了生存，逃到了山林深处，等回过神来，才发现周围到处都是竹子，于是，只能靠吃竹子维持生存。

原来是生活所迫呀……如果吃竹子能带来什么好处就好了，也算吃得值了。

兔美

大熊猫

要说好处的话，因为我们一直吃竹子，所以便便是绿色的，而且味道很好闻呢。

便——便！那能算得上是好事吗？

社长

结论

大熊猫原本喜欢吃肉。后来环境剧变，食物来源匮乏，而竹子分布广泛，容易获得，于是只好勉为其难吃竹子了。

误解认定

虎

你以为**只有猫的舌头才怕烫**吗？

所有动物吃东西的时候
都会怕烫哟！

基本信息

分类	哺乳纲猫科	
分布	亚洲	
大小	体长 140~280 厘米	

被误解指数

虎

我喜欢吃厚一点的肉，但是不喜欢吃热的肉。

呀！难道你也和猫一样怕烫吗？

兔美

虎

是啊，虎都怕烫哦。其实，不仅是猫，几乎所有动物都怕吃热的东西。

但是，有的动物也吃烫食啊，比如人类。

兔美

虎

那是因为人类长期吃用火烹饪过的食物，已经习惯吃热的东西了。但是人类的婴儿就不擅长吃热食。你们兔子似乎也不喜欢吃热食，很怕烫吧？

因为我们没尝试过吃热的东西，所以不是很了解自己舌头的喜好。可是，为什么人类会用"猫舌"来形容不喜热食的人呢？

社长

虎

这点我也不是很明白，大概是因为人类养猫由来已久吧，所以才用猫的舌头打比方。

明明也养了狗啊，怎么没有"犬舌"的说法呢？

兔美

虎

一般来说，狗大多养在室外，猫则养在室内。所以，比起待在室外的狗，从待在室内的猫身上可能更容易观察到动物讨厌吃热食的样子吧。

结论

不仅是猫，几乎所有的动物都不喜欢吃热食，都很怕烫。

误解认定

野猪

听说野猪在狂奔的时候**只会一直朝前跑？**

其实我们也会跳，会拐弯啦！

基本信息

分类	哺乳纲猪科
分布	分布广泛，亚欧大陆较多
大小	体长 120~200 厘米

被误解指数

★★★★★

野猪

你们好啊！你们知道有个词叫"豕突"吗？

我知道呀！比喻像野猪一样不顾一切朝前猛冲。还有好多类似的成语呢，比如"豕突狼奔""蜂合豕突"。

社长

野猪

说对了！都怪这些词和成语，害大家误会我们不能跳，不会拐弯。其实，就算我们喜欢往前猛冲，也是会跳、会转弯的啊！

难道你们还能在狂奔中停下来，然后再掉头返回？

兔美

野猪

当然可以！

哎呀，如果在山上突然遇到你们，那也太恐怖了吧。

兔美

野猪

其实，真正害怕的是我们！突然碰见人类的话，我们会因为惊吓过度而陷入恐慌之中，那样就真的只会笔直朝前猛冲了。

有什么办法可以让你们停下来吗？

社长

野猪

嗯，有的。就是在我们眼前"啪"一下撑开雨伞。因为当我们视线受阻时，就会突然被吓一大跳，然后立刻停下来或者四处逃窜。

要是只能笔直往前冲的话，这些活动可做不了哦。

社长

结论

野猪不仅会笔直向前猛冲，也会跳、会拐弯，还会停下来掉头返回。

误解认定

21

变色龙

你以为变色龙只会按照周围环境的颜色来变色吗？

沙沙沙

看我"七十二变"！

其实我们也会根据心情变色哦！

基本信息		
分类	爬行纲蜥蜴目	
分布	马达加斯加北部等	
大小	全长 37~52 厘米	

被误解指数

哇，变色龙！你是什么时候来的呀？

社长

变色龙

我早就在这儿候着啦！

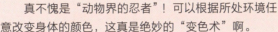
真不愧是"动物界的忍者"！可以根据所处环境任意改变身体的颜色，这真是绝妙的"变色术"啊。

兔美

变色龙

很多人都这么认为。但我们并不能根据自己的喜好随意切换肤色，只是身体会根据光线的亮度呈现出与周围环境相融合的颜色。

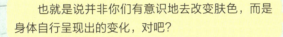
也就是说并非你有意识地去改变肤色，而是身体自行呈现出的变化，对吧？

社长

变色龙

而且，我们的肤色还会受到心情的影响。如果打架打赢了，身体就会呈现鲜艳明亮的颜色；如果输了，体色则会变得暗淡无光。

你们的情绪还真是让人一目了然呢。

社长

变色龙

另外，雄性还会在喜欢的异性面前将肤色变成鲜艳明快的黄色，争奇斗艳，进行猛烈的追求。

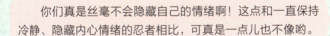
你们真是丝毫不会隐藏自己的情绪啊！这点和一直保持冷静、隐藏内心情绪的忍者相比，可真是一点儿也不像哟。

兔美

变色龙

我可从来没说过自己是忍者啊。

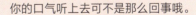
你的口气听上去可不是那么回事哦。

兔美

结论

变色龙的肤色不是有意识改变的，而是身体自行呈现出的变化。而且颜色还会随着情绪起伏发生变化。

误解认定

印度眼镜蛇

印度眼镜蛇听到耍蛇人的笛声就会随之起舞？

其实我**并不精通音律**！

被误解指数

基本信息		
分类	爬行纲眼镜蛇科	
分布	巴基斯坦、印度、斯里兰卡、尼泊尔、孟加拉国	
大小	全长100～200厘米	

印度眼镜蛇

哎呀——耍蛇人的表演可真把我累坏了。

社长

就是那个耍蛇人吹奏笛子，蛇闻声从笼子里爬出来，随节奏舞动的表演吗？

兔美

闻声起舞，听上去好像挺有意思的呢。

印度眼镜蛇

那个嘛，看的人是觉得开心啦，但是跳舞的蛇可真是累坏了。而且我基本上是听不懂音乐的。

兔美

是因为听不到声音吗？

印度眼镜蛇

其实呢，我们可以通过地面传来的震动感受到声音的存在，但对于在空气中传播的声音，我们是听不到的。

兔美

如果不是因为听到笛声才跳舞，那为什么能做到舞蹈节奏和笛声完全一致呢？

印度眼镜蛇

这也是大家对我们的误解啦。耍蛇人吹笛子的时候，会一边吹奏一边摆动笛子，这时，那个笛子在我眼中就仿佛移动的猎物或天敌。所以我才会仰起头，摆出一副威慑、攻击对方的架势来呢。

社长

持续保持攻击的状态，确实是够累的。

结论

眼镜蛇不是因为笛声而翩翩起舞，只是针对吹笛人摆动笛子的动作所做出的反应而已。

误解认定

25

蛞蝓

据说**往蛞蝓身上撒盐**，它的身体就会化成水？

我们不会化成水！
只是萎缩而已……

基本信息

分类	腹足纲蛞蝓科
分布	欧洲、亚洲、北美和北非
大小	体长约 6 厘米

被误解指数

蛞蝓

那个，那个，我也要说说，我也要说说，听我说，听我说！！

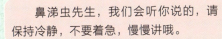

鼻涕虫先生，我们会听你说的，请保持冷静，不要着急，慢慢讲哦。

兔美

蛞蝓

如果我身上被撒了盐，你们觉得会发生什么？

嗯，不是会化成水吗？

兔美

蛞蝓

是吧，你们都是这么认为的吧。其实我不会化成水哦！不会！当盐沾到我们身体表面黏糊糊的黏液时，就会在我们身体周围溶化，形成高浓度盐水。

那就是说撒了盐不会有事儿喽？

社长

蛞蝓

我们体内含水量很高，造成体内盐度很低，当身体外侧形成高浓度盐水时，水分会从低浓度盐水向高浓度盐水转移。因此，我们的身体就会缩水，变得越来越小，给人一种化成水的错觉。

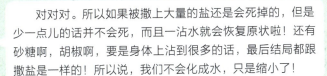

也就是说体内的水分会逐渐流失……直至萎缩干瘪呀！

社长

蛞蝓

对对对。所以如果被撒上大量的盐还是会死掉的，但是少一点儿的话并不会死，而且一沾水就会恢复原状啦！还有砂糖啊，胡椒啊，要是身体上沾到很多的话，最后结局都跟撒盐是一样的！所以说，我们不会化成水，只是缩小了！

虽然不会化成水，但是蛞蝓先生好像经不起佐料的折腾呢。

兔美

结论

蛞蝓并不会因为遇到盐就化成水，而是因为脱水而萎缩。

误解认定

27

座谈会

骗你没商量！

自然界的伪装者

座谈会参与者

 枯叶龟

 负鼠

 竹节虫

 枯叶龟

> 今天，我们代表自然界的"伪装者"们在此相聚一堂。

 负鼠

> 没错，我可是伪装高手。

 枯叶龟

> 那么，负鼠先生，你是怎么伪装自己的呀？

 负鼠

> 当企图生擒猎物的天敌来袭时，我会通过装死保护自己。

 枯叶龟

> 装死就不会被吃掉了吗？

 负鼠

> 大多数捕食者都喜欢吃新鲜的肉，它们才不想吃掉的负鼠呢。而且，就算装死没有骗过捕食者，我还可以散发出像尸体那样的恶臭味呢！

 枯叶龟

> 还能发出臭味啊！你的伪装术可真够独特的，你也太会演了吧！

枯叶龟

负鼠

竹节虫

我们是动物界的伪装三兄弟！

枯叶龟的伪装术是混在枯叶堆里!!

竹节虫的伪装术是模仿树枝的样子！

负鼠的伪装术是装死!!

这是树枝吧！

我会伪装成树枝混迹在树枝里，这样就不会轻易被鸟类、蜥蜴、蜘蛛等天敌发现了。

竹节虫

原来如此啊，你们这些家伙原来都是因为太弱了才伪装的呀。

枯叶龟

难道你不是吗？从一开始你就一副自以为了不起的样子。

负鼠

我可不像你们那么弱，我伪装成枯叶混在枯树叶和岩石堆里是为了捕食。当有猎物一不留神自己送上门来的时候，我就会张开大嘴一口把它吃掉。

枯叶龟

又来了，又开始大言不惭了。

竹节虫

你们这些家伙，小心我也来个伏击把你们统统吃掉，怕了吧！嘿嘿嘿……

枯叶龟

哎，又来了。

负鼠

翻车鲀

据说翻车鲀是一不小心就会死亡的"**最脆弱的生物**"?

这些谣言真是
太过分啦!

基本信息

分类	硬骨鱼纲鲀形目
分布	世界温带和热带海域
大小	体长约 3 米

被误解指数

★★★★☆

翻车鲀

"因为只能笔直往前游而死""为了祛除寄生虫跳出水面而死""受到太阳的照射而死""因为目睹同类在眼前死去，悲伤过度而死""睡着后被海浪冲上陆地搁浅而死"……

翻车鲀先生？哎呀，你自己在那嘀咕什么呢？

兔美

翻车鲀

"被吃下去的鱼骨头刺破喉咙而死""水中的泡泡不慎入眼，紧张过度，心理压力过大而死""鱼皮太过脆弱，因外伤而死"……

你一个劲儿地说"死啊死"的，太吓人啦！到底怎么回事呀？

兔美

翻车鲀

这些可都是网络上流传的关于我们死因的各种谣言啊！只不过这些都是无稽之谈而已。

如果都是真的，这也太脆弱了。那样的话，你们早就灭绝了吧。

社长

翻车鲀

不过，我们的确因为心理承受能力极弱，而很难在水族馆里饲养，而且也有脆弱得不堪一击的情况……这要讲起来可就长啦。

据说你们一次能产 3 亿颗卵，但仅有少数能存活，所以能生存下来的是不会那么轻易就死掉的呢。

社长

翻车鲀

谢谢你们的倾听，作为答谢，再告诉你们一件有趣的事情吧。年轻的翻车鲀有时候会组成鱼群，成群结队地游来游去哦。

成群结队的翻车鲀……那种壮观的景象，实在是令人难以想象啊！！

兔美

结论

几乎所有关于翻车鲀的死因都是网络流传的谣言。要小心分辨哦！

误解认定

蠵龟

听说蠵龟因生产之痛
而泪流满面的样子
感动了很多人？

啥？泪水？
其实和盐分有关哦

基本信息	分类	爬行纲龟鳖目
	分布	太平洋、大西洋等地
	大小	背甲长 70～100 厘米

被误解指数

★★★☆☆

蟒龟

终于轮到我啦。

蟒龟女士！我可是您的粉丝呢。我曾在电视上看到过您在深夜从大海爬上沙滩，一边流泪一边产卵的样子，实在是太令人动容了！

兔美

蟒龟

噗，我正是为了说这个而来的呢。让你们为我感动真是不好意思，可是那其实不是眼泪哦。

还以为是因为产卵的痛楚而流下的眼泪呢……所以，那到底是什么呢？

兔美

蟒龟

那是一种包含盐分的液体哦。我们蟒龟平时为了获取水分会饮用海水，可是海水太咸了，于是我们会通过眼睛把多余的盐分排出体外。

原来是这样啊，那为什么要在产卵时这么做呢？这样很容易让人产生误会哦。

兔美

蟒龟

哎呀，别误会！并不是只有产卵时才这样做，我们即便在海水中也会一直排出盐分哦。

在海水中身体湿漉漉的，就算像哭似的排出盐分，也没人会注意到吧！

社长

蟒龟

你讲的冷笑话真的太冷了，这下我可不是排盐，是真的要哭了啊。

结论

蟒龟从眼中流出像眼泪一样的东西，其实并不是在哭泣，而是为了排出体内多余的盐分。

33

臭鼬

听说臭鼬会**释放恶臭气体熏跑敌人？**

紧急关头释放出的
恶臭味其实不是屁啦！

基本信息

分类	哺乳纲食肉目
分布	北美和中美
大小	体长 24～68 厘米

被误解指数

臭鼬

哟哟！不是屁哟！哟！哟！不是屁哟！

看来臭鼬先生是个说唱小能手呢！让我们随着轻快的节奏，欢迎臭鼬先生出场！

兔美

臭鼬

嘿！我，臭鼬，拿手绝活是说唱。尾巴旁边是屁股，屁股里面放臭屁，噗——

提到臭鼬就会想到令敌人闻风丧胆的臭屁吧。

兔美

臭鼬

哟！哟！那不是臭屁！那是臭液体！我屁股上有个臭腺，从那里会分泌出恶臭的液体！想要扑过来攻击我的敌人会受不了那股恶臭而逃之夭夭，不费吹灰之力我就能结束战斗！耶！

也就是说臭鼬的臀部有个叫臭腺的东西，臭腺会排出臭味液体，帮助臭鼬赶走天敌从而保护自己是吧？

社长

原来不是臭屁啊……

兔美

臭鼬

嘿！顺便告诉你，小体格的斑臭鼬喷出液体时会倒立！可是其他臭鼬，不会倒立。哟！耶！

你的说唱真够复杂的。

兔美

实在无力欣赏你的说唱。

社长

结论

臭鼬为了御敌防身而分泌出的恶臭味物体并非臭屁，而是液体。

误解认定

蝉

据说蝉的寿命**只有一个星期?**

如果加上幼虫期的时间
我们也算**相当长寿了！**

基本信息

分类	昆虫纲半翅目	
分布	温带至热带地区	
大小	体长 32 ~ 39 毫米	

被误解指数

蝉

知了知了……很多人都以为蝉的寿命只有一周，其实我们的寿命可没这么短，这点你知道吗？

是吗？那是 8 天还是 10 天？

兔美

蝉

不止哦！如果我们成功度过幼虫期，没有被鸟类等天敌吃掉的话，羽化成虫后我们还能生存 3 周到 4 周时间。在此期间，我们会一直保持活蹦乱跳的状态，并精力十足地叫个不停。

这比你们传闻中的寿命要长 3 到 4 倍呢。咦？你刚才说"羽化为成虫之后"，那幼虫期呢？

社长

蝉

知了知了……我们大多数蝉的幼虫会在土壤中生活好几年。另外，北美洲还有一种蝉叫"十七年蝉"，它的幼虫要穴居 17 年才能羽化为成虫呢。

17 年！兔子的寿命大概是 3 年，十七年蝉比我们还要长寿啊！就算这是特例，普通蝉的寿命也相当长了呢。看来是我一直误会了。

社长

蝉

哎呀，我想控诉的其实不是关于寿命的问题，而是有人认为蝉到晚才会叫，其实清晨太阳刚出来的时候我们也会叫哦。

之前就听说蝉早上会叫，所以你说的这一点我一点儿都不惊讶。还是请你控诉下"蝉的寿命只有一周"这个误解吧！

兔美

结论

蝉的寿命从幼虫开始算起的话长达 2 年到 6 年时间。其中还有一种蝉能存活 17 年之久哦。

误解认定

棕熊

遇到棕熊的话装死就能逃过一劫吗?

不可以!
那样其实更危险

基本信息

分类	哺乳纲食肉目
分布	北美洲、欧洲西部、亚洲
大小	体长 100～280 厘米

被误解指数

★★★★☆

38

呀呀呀！棕熊来了，我要赶紧卧倒装死！

兔美

等一下！虽然有些人认为遇到我们的时候"装死就能逃生"，但事实上那是相当危险的行为。因为我们也会吃掉动物的尸体。

棕熊

天啊……原来不可以装死啊。

社长

是的，没错。我们会撕咬倒在地上的动物，并用利爪撕扯，以此来判断地上的动物是否真的死亡。

棕熊

简直让人毛骨悚然！那么，遇到你们的话，该怎么办才好呢？我之前还听说只要爬到树上就能逃出棕熊的手掌心啦。

兔美

我们可是很擅长爬树的哟。还有，如果谁在我们面前急速逃离，我们反而会对它穷追不舍。我们奔跑起来的时速能达到 60 千米，猎物想逃也逃不掉。

棕熊

装死也不行，爬树也不行，真是伤脑筋呀……如果不幸遇到你们，该如何是好呢？

社长

嗯……其实我们也不想袭击别人，最好的办法就是不要和我们相遇。所以，我们特别希望大家能随身携带响铃之类的东西，可以随时提醒我们"有人在这里哟"。要是不幸遇到了，千万不要和我们对视也不要转过身去，悄悄离开就可以啦。

棕熊

结论

由于棕熊也会吃死亡的动物，所以遇到棕熊绝对不可以装死！

误解认定

骆驼

骆驼的驼峰里 **储存着大量的水？**

如果骆驼的驼峰里有水的话……

哎呀，好累啊！

驼峰里面 **其实是脂肪！**

被误解指数

★★★★★

基本信息	分类	哺乳纲偶蹄目
	分布	亚洲、印度、非洲等
	大小	体长约300厘米（双峰骆驼）

骆驼

其实，我背上的驼峰里储存的不是水，而是脂肪哦。

因为骆驼生活在缺水的沙漠里。所以，我之前一直都以为你们的驼峰里储存的是水呢。

社长

那么，驼峰里的脂肪有什么作用？

兔美

骆驼

驼峰里储存着 50 ～ 60 千克的脂肪。因为沙漠里的食物特别少，没东西吃的时候我们就只能靠分解驼峰里的脂肪生存啦。

要是脂肪都用完了，驼峰会消失吗？

兔美

骆驼

虽然不会消失，但如果一直无法补充营养的话，驼峰就会逐渐萎缩变得扁平。顺便告诉你们一个小秘密，我们骆驼在沙漠里几乎不喝水也能生存，因为我们平时尽可能不小便。

天啊，好神奇！你们的身体里具备节约用水的构造和装置吧。

兔美

骆驼

另外，我们只要一次性喝满 80 升水，血液里就能储备大量的水分了。

原来你们需要付出这么多努力才能在沙漠中生存啊。在沙漠中生活真是不轻松！

社长

结论

骆驼的驼峰里储存着大量的脂肪。当没有可食用的食物时，它们就依靠存储的脂肪维持生存。

浣熊

它们被称为"浣熊"，是因为吃东西前会用水清洗食物？

会那样做的都不是 野生浣熊

基本信息		
分类	哺乳纲食肉目	
分布	北美（加拿大南部、美国中部）	
大小	体长 41~60 厘米	

被误解指数

42

浣熊

我们从名字的来源就是错的！

哎呀，动物界的洁癖患者浣熊生气啦。好怕怕哦。

兔美

浣熊

不是这么回事儿啊！不管是食物还是其他东西都要放到水里清洗，因此得名"浣熊"……这都什么啊！用爪子洗东西？会做出这种举动的只有那些被人类饲养的家伙吧，野生浣熊是不会这么做的。

可是，我曾经亲眼见过野生浣熊在河边伸出双爪在水中打捞、摩拳擦掌的样子呢。

社长

浣熊

哦哦，那个啊。因为鱼是我们最喜欢的食物，所以我们会在河里伸爪探寻鱼类。也许那个动作看起来就像在洗东西一样吧。咳！其实在野外是没有办法悠然自得地清洗食物的，否则，食物早就不知道被谁抢走了呢。

那么人工饲养的浣熊为什么会做出清洗的动作呢？

兔美

浣熊

这个我就不知道啦，我又不是被饲养的。听说只有在肚子饿的时候它们才会这样，可能是在人工饲养的环境下，浣熊会出现捕鱼时伸爪摸索的应激反应吧……所以啊，希望你们能把我们的名字改成"非浣熊"呀。

就冲你们这暴脾气，也许应该叫你们狂躁熊呢！

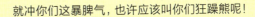

社长

结论

野生浣熊捕食鱼类时，会在河里用爪探水，这并不是清洗食物的举动。

误解认定

蝙蝠

是不是以为只要是**蝙蝠就会吸血呢？**

只有**很有限的种类**才会吸血！

基本信息	分类	哺乳纲翼手目
	分布	中美、南美
	大小	体长 7.5~9.5 厘米

被误解指数

蝙蝠

小姐姐，在下是蝙蝠哦。

兔美

唔唔——蝙蝠会吸血耶，好可怕呀！

蝙蝠

嘿嘿，我就是来告诉你们"不要害怕所有的蝙蝠"。我们中的大部分都是以昆虫和其他小节肢动物为食的，还有一些则是以果实、花蜜和花粉为食。

社长

等一下，你说"大部分"，意思是果然还是有一部分蝙蝠是会吸血的？

蝙蝠

嘿嘿……你刚才注意到了一个关键点呢。蝙蝠大约有 1000 种，其中只有 3 种吸血蝙蝠是通过吸食动物血液获得营养的。

兔美

太恐怖了吧！

蝙蝠

嘿嘿嘿……不过，说是吸血，其实也就是用尖锐锋利的前齿轻轻地将皮肤咬破一道浅浅的小伤口，舔舐从伤口中流出来的血而已。

兔美

就是舔一下而已啊，那没什么大不了的，吓我一跳呢。

蝙蝠

不过，也有家伙因为血吸得太多导致体重超标飞不起来了。此外蝙蝠有可能会携带危险的病毒，比如狂犬病毒等。

啊啊啊啊啊啊啊啊！真是太恐怖啦！

兔美

结论

会吸食血液的蝙蝠只有少数几种。而且与其说它们吸血，不如说是在舔血。

误解认定

座谈会

以为是不同种类的动物，其实是误解！

它们都是同类动物

座谈会参与者 →

 海豚　 鹰　 沙袋鼠

很多动物虽然名字各不相同，但在生物学上并无差别。我们就是典型的代表。

沙袋鼠

鹰

沙袋鼠先生，你们和谁是同类动物呢？

大家应该从外表就能看出来，我们和大袋鼠是同类。小型的是沙袋鼠，中型的是岩大袋鼠，大型的是大袋鼠。只是体型大小不同而已。

沙袋鼠

对了，这么说来我们和鲸也属于同类呢。体型大的是鲸，小的是海豚哦。

海豚

鹰

可是对比一下你们的长相，看上去完全是两种动物啊。

我们通常是根据体型大小来区分的。体长约 4 米的是海豚，超过 4 米的就是鲸。不过，这个判断标准还是有点牵强，因为有的鲸比海豚还要小，而有的海豚比某些鲸更大。

海豚

还真是复杂啊。

沙袋鼠

要说复杂难懂，我们鹰和雕也毫不逊色啊。有人说大个头的是雕，小个头的是鹰，似乎也有点道理。毕竟我们都属于隼形目鹰科，有时候确实不太好区分。

鹰

而且，我们鹰当中也有和雕一样大的品种，雕当中也有和鹰一般小的。怎么样？我们鹰的分类也够复杂的吧。

鹰

的确，有些动物的分类确实比较复杂呢。

海豚

大犰狳

所有犰狳都能**把身体蜷缩成圆球状**吗？

犰狳一族的绝技

大犰狳

巴西三带犰狳

小犰狳

团成圆球！！

事实上能团成球的
只有巴西三带犰狳

基本信息		
分类	哺乳纲犰狳科	
分布	南美（阿根廷、巴拉圭）	
大小	体长 75~100 厘米	

被误解指数

大犰狳

我是大犰狳，人称骑士！因为我们看起来就像是穿着铠甲的骑士。

身体被坚硬的鳞甲覆盖着，看起来确实像是身穿铠甲，但总觉得不像"骑士"呢……

兔美

大犰狳

不管你们兔子怎么想，犰狳就是身穿铠甲的骑士！

嗯，骑士总给人一种无所畏惧、敢于和别人面对面交锋的印象，你们犰狳如果被敌人袭击的话就会把身体蜷缩起来自我防御，对吧？总觉得这点不太像骑士呢……

社长

大犰狳

你说到重点了！把身体蜷缩成球状，利用后背上坚硬的鳞状铠甲保护自己，能这么做的只有巴西三带犰狳而已。

不是所有的犰狳都能团成一团吗？

兔美

原来如此。巴西三带犰狳具有作为骑士不该有的特点呀，原来是这样啊。

社长

大犰狳

作为骑士，在背后说同伴的坏话，是不可饶恕的错误！

你这样维护同伴的态度还真是显出几分骑士精神呢！顿时对你刮目相看啊，犰狳先生！

兔美

结论

能把身体像球一样蜷缩成团进行自我防御的只有同属犰狳科的小伙伴巴西三带犰狳哦！

犰狳一族的铠甲

误解认定

鬣羚

听说鬣羚的腿
又长又直？

实际上鬣羚的腿
挺粗壮的

**基本
信息**

分类	哺乳纲偶蹄目牛科
分布	亚洲东南部
大小	体长 140~190 厘米

被误解指数

鬣羚

人们总是夸我们的腿笔直又细长，这让我们感到很困扰。

鹿的同类都有笔直纤细的美腿，大家这么夸你们，难道不好吗？

社长

鬣羚

首先，我们不是鹿哦，我们属于牛科动物。而且你们都误会啦。快看，我的腿又粗又短，其实很结实呢。

真的耶，看上去很健壮呢！

兔美

鬣羚

因为我们生活在地势险峻的大山里，想要在陡坡和悬崖边上奔跑，没有强壮有力的双腿是无法实现的。

但是，为什么人类要说鬣羚的腿又长又直呢？

社长

鬣羚

因为我们的小伙伴瞪羚、斑羚等都属于羚羊，它们的腿又长又直。而我们鬣羚，属于羊羚。所谓羊羚是说我们的形态既像羊，又像羚羊。

羚羊，羊羚，听上去几乎一样！难道……

社长

鬣羚

嗯，是的，大家可能把我们的腿和羚羊的腿搞错了。但是关于这点好像有许多不同的说法。所以，如果有人看到真实的我们就会脱口而出"原来鬣羚的腿挺粗的嘛"……那真是太令我们尴尬了。

结论

鬣羚的腿又粗又短！人类很可能是把它和腿又长又直的羚羊搞混了。

误解认定

51

猫头鹰

听说猫头鹰的脖子
能旋转 360 度？

其实没办法
旋转 360 度哦！

基本信息	分类	鸟纲鸮形目
	分布	世界各地（南极地区除外）
	大小	全长约 58 厘米

被误解指数

52

猫头鹰

哦吼吼吼吼！我叫猫头鹰，我可不是一般的鸟类哦。我的脖子能大幅度转动，能大幅度转动哦！

我知道！你们能够让脖子旋转 360 度是吧？

兔美

猫头鹰

哦吼吼吼吼，我就是来说这个的，旋转 360 度有点夸大其词啦。要是旋转 360 度的话，脖子会断掉的。不过，我们大概可以左右旋转 270 度哦。

就算是旋转 270 度也相当厉害啦！为什么你们的脖子这么灵活呢？

兔美

秘密就在于我们颈部骨头的数量！哺乳动物的颈部一般都是 7 块骨头，而我们猫头鹰有 14 块！正因如此我们才能灵活地转动脖子。

为什么需要把脖子转动到那种地步呢？

社长

猫头鹰

因为我们猫头鹰和其他鸟类不同，眼睛是长在脸部正面的，由于视角太狭窄才需要经常转动自己的脖子。

的确，其他鸟儿的眼睛都是长在头部两侧的呢。

兔美

猫头鹰

但是，有两只眼睛在正面的话我们看到的世界是立体的，因此能准确把握与猎物之间的距离，精确地瞄准目标。当然也包括瞄准兔子之类的猎物……吼吼吼吼！

在捕猎这件事上，你还真有两把刷子。不过，你可千万别盯上我啊！

社长

结论

猫头鹰的颈部骨头比一般的哺乳动物多。虽然不能旋转 360 度，但可以左右转动 270 度。

误解认定

夜鹰

鸟类**在夜里无法看清**东西吗？

几乎所有的鸟儿
在夜间都能看清东西

基本
信息

分类	鸟纲夜鹰目
分布	全世界的温带和热带区
大小	全长 28～32 厘米

被误解指数

夜鹰

我要代表所有鸟类，把一些误会解释清楚，纠正大家的错误。

哇，居然存在对全体鸟类的误解啊？

兔美

夜鹰

是的，人们总是认为鸟类在夜里无法看清东西，其实这是大家的误解。

鸡在暗处就看不清东西吧？

社长

夜鹰

人工饲养的一部分鸟类当中，确实很多都有夜盲症，但鸡好像是能看清的。另外，几乎所有的野生鸟类在黑暗中都是能看清东西的。

说起来，猫头鹰和雕鸮都是在夜间捕食的呢！但我原以为它们只是例外。

兔美

夜鹰

是的，我们夜鹰就是因为能够在夜里捕捉猎物而得名的。可见我们的眼睛在夜间是能看清东西的。

那么，为何人们会认为鸟类在夜里无法看清东西呢？

兔美

夜鹰

也许是因为绝大部分鸟类只在明亮的白天活动，而到了晚上鸟儿都躲起来休息了，人类不太容易在夜间看到鸟类的身影吧。

总之，误会解除了，真是太好啦，太好啦。

社长

结论

不仅猫头鹰和雕鸮之类的鸟会在夜间行动，几乎所有的鸟儿在黑夜中都能看清东西。

误解认定

作证者

猪笼草

食虫植物**必须要吃昆虫和小动物吗？**

其实就算**不吃虫子也能生存！**

基本信息	分类	被子植物门瓶子草目
	分布	东南亚、澳洲
	大小	笼长 6～10 厘米

被误解指数

哎呀，今天的记者见面会就要结束了，让我们欢迎最后一位嘉宾——食虫植物。不过它和动物也关系匪浅，我们都知道植物一般是通过光合作用，吸收水和二氧化碳制造养分。但是食虫植物却是以昆虫为食的。昆虫如果靠近它，一不小心就会被抓住。

兔美

然后将其溶解在消化液中并作为养分吸收掉，对吧？我就是因为这个误解才来的！

猪笼草

难道不是这样的吗？猪笼草先生？

社长

这个嘛，其实，叶面发生变化的那部分的确能捕虫。例如我们猪笼草，昆虫不小心滑落到充满消化液的捕虫囊里，会被其中分泌的液体淹死，然后被溶化分解。

猪笼草

如果是捕蝇草，它的叶子会上卷闭合起来，把停留在叶子上的虫子围困住，不让其逃脱。

兔美

茅膏菜则是利用叶片上黏糊糊的液体使虫子无法挣脱，逮住虫子后将其消化吸收。

社长

但是，我们只是通过捕食昆虫这种方式来补充养分而已，因为我们生活在并不肥沃的土地上，容易营养不足。

猪笼草

也就是说你们并不是一定要捕捉虫子喽？

兔美

是的。就算没有虫子吃，我们也能生存。而且有时候虫子吃得太多，反而会引起消化不良，导致枯萎呢。

猪笼草

结论

像猪笼草这类食虫植物虽然能够捕食昆虫，但并不是非得吃虫子。

误解认定

容易答错的小测验①

哪个是黄莺？

A

B

问题

兔美

提起黄莺，我们脑海中总会浮现出鸟儿站在枝头"啁啁啾啾"不停鸣叫的画面。图A和图B哪一个才是黄莺呢？你知道吗？它们可是经常被混淆呢。

答案

社长

图A中停留在梅花枝头的绿色鸟儿是绣眼鸟。你看，它的眼睛周围都是白色的。绣眼鸟就是因为眼周被一些明显的白色绒状短羽所环绕，形成鲜明的白眼圈而得名。正确答案是B，图B中的褐色鸟儿就是黄莺，因为黄莺是夏候鸟，几乎不会在梅花树上停留。

答案：B

第2章

不是这样的，
你误会了

~ 也许你对它的印象并不正确 ~

"兔美，我们去采访吧！"

　　社长和兔美在记者见面会上了解了关于动物的诸多"误解"。也许还谈不上误解，但说不定有些动物身上真的存在与我们印象不太一样、令人意想不到的一面呢？……社长和兔美想到这里，决定去采访这些动物朋友们。

河马

看起来脾气温顺的河马……
实际上是个暴脾气

基本信息		
分类	哺乳纲偶蹄目	
分布	非洲	
大小	体长 280～420 厘米	

被误解指数

★★★★☆

河马

喂喂喂喂喂，兔崽子们！你们这些家伙竟敢随便乱闯我的地盘！

不，不好意思！其实……我们是来采访那些和我们印象中不太一样的动物朋友们的……

兔美

河马

大家印象中的样子？那你说说我在大家眼中是什么样子？

身躯庞大，看起来悠闲自在脾气温顺……

兔美

河马

你说什么呢！是在开玩笑吗？

河马大哥，千万不要把嘴巴张成 150 度那么大来吓唬我们，太可怕了！

社长

河马

我绝不允许别人闯入我的地盘。就算是对鳄鱼也绝不客气！我们河马之间有时还会为了争夺地盘而互相残杀呢。

没想到河马大哥的脾气如此暴躁啊……

兔美

河马

在非洲，每年有将近 3000 个人类因入侵我们的地盘而遭受袭击。即使他们想逃，我用每小时 40 千米的速度紧追不放，他们也无处可逃啊！

太可怕了，我这段子手也没法用冷笑话掩盖此刻内心的恐惧了。

社长

结论

河马脾气非常暴躁，绝不允许别人进入自己的地盘！

猎豹

虽说在动物界跑得最快……

但并不擅长长跑

基本信息		
分类	哺乳纲猫科	
分布	非洲、亚洲西南部	
大小	体长 112～150 厘米	

被误解指数

★★☆☆☆

猎豹

让你们特地来采访我，实在不好意思。我们的样子，会让大家有很多误解吧。

身材苗条、腿长、肌肉强健，柔软灵活的脊椎骨像给全身上了发条，奔跑的样子如同在空中飞驰，堪称动物界的短跑健将呢。

社长

如果被盯上了是逃不掉的，可以称得上"最快猎手"了吧！

兔美

猎豹

大家都觉得我们跑得很快吧！我们的速度的确很快，可有时候追赶猎物，也不是速度快就能追到的……

嗯？怎么回事？你们不是最快每小时能跑 110 千米吗？为什么抓不到呀？

社长

猎豹

没体力了呗！比如说我们的猎物之一——跳羚，以每小时 90 千米的速度可以跑很长距离，而我跑 400 米左右就会觉得疲劳乏力，速度就会减慢。

这也太、太惨了……

兔美

猎豹

可不嘛！所以我们的捕猎大多以失败告终。实在有点难为情……

我们野兔每小时能跑 70 千米，如果大家赛跑，说不定我们可以追上猎豹呢！

社长

结论

虽说猎豹奔跑时最快可达每小时 110 千米，但因体力不支，超过 400 米之后就跑不快了。

作证者

狮子

虽是身处食物链最顶端的
"百兽之王"······

但狮群中负责狩猎的竟是雌狮

基本
信息

分类	哺乳纲猫科	
分布	非洲	
大小	体长 140~250 厘米	

被误解指数

雄狮哥哥，你的鬃毛好神气呀！

兔美

狮子

是你们想采访我吗？那就快点开始吧，马上要到午饭时间了。

一个狮群通常由1~3头雄狮、1~5头雌狮及几头小狮子组成，并且成员以家族为单位过着群居生活，对吧？

社长

狮子

对我们的情况挺了解的嘛！我们将这种群居生活视为"尊严"的象征。在猫科动物中，过着群居生活的动物并不多见。不过话说回来，我的午饭怎么还没准备好？

咦？你自己不去狩猎吗？

社长

狮子

嗯？捕猎都是由母狮子们负责的呀！我是尊严的象征，只需要做好吃饭的准备就行了！

竟有这种事？一直以为有着"百兽之王"称号的雄狮们才是负责狩猎的呢。

兔美

狮子

我们也不是什么都不做啊，当有外来雄狮挑战狮群中的首领地位时，与其战斗并守护领地正是我的使命。如果战斗失败，被夺去首领地位，尊严尽失……那时就只能自己去狩猎了……

总觉得，这对于"百兽之王"而言，会倍感孤独吧。

社长

结论

狮群中负责狩猎的是雌狮。雄狮吃雌狮狩猎得来的食物。

误解认定

大猩猩

虽然人们常常模仿大猩猩的动作……

但是很多人都模仿错了

被误解指数

基本信息	分类	哺乳纲灵长目
	分布	非洲中东部
	大小	身高 175 厘米（雄性山地大猩猩）

大猩猩

你们好啊，我是大猩猩。欢迎来采访我，不过你们要不要试着模仿模仿我？

我们男人都希望像大猩猩一样强大！模仿大猩猩我最擅长啦！将双手攥成拳头，用力敲打自己的胸膛，让别人感受到我强大的力量！唔吼——

社长

大猩猩

不对不对！你这样不对。敲打胸膛的手不要紧握成拳头。除大拇指外，另外四指并拢，手指微微向掌心弯曲，大家经常搞错呢。而且啊，敲打胸膛其实是避免与敌人战斗，握手言和的表现哦。

大猩猩先生其实是爱好和平的动物呢。

兔美

大猩猩

我们谁也不想无端争斗。另外，敲打胸膛的声音即使相隔 2 千米都能听到，当遭遇危险的时候还可以把它当成给同伴传递信息的讯号呢。

大猩猩老师，我太敬爱您了。我想再多学点模仿技巧，请您教教我吧。

社长

大猩猩

你很用心嘛。我们走路的时候，身体会向前倾，两手握拳指背拄着地面行走。还有啊，如果你把舌头顶入上嘴唇内侧，会更像大猩猩的脸哟。

我懂了！唔吼——唔吼——唔吼——

社长

社长啊，今天您的人设完全崩塌了呀。

兔美

结论

要是模仿大猩猩敲打胸膛的话，手不是握成拳头，而是除大拇指外，另外四指并拢，手指微微向掌心弯曲。

67

企鹅

别看我们走路晃晃悠悠……

其实我们都是大长腿！

走路晃晃悠悠的，**好可爱啊** ♥

谁又能知道，我其实拥有修长的美腿呢。

呼嘿

呼嘿

基本信息		
分类	鸟纲企鹅目	
分布	多数在南极地区	
大小	身高 100~130 厘米（帝企鹅）	

被误解指数

企鹅

哟！你们是来采访我的吗？那我就开门见山了哈，我们企鹅总被误会腿特别短，请你们仔细瞧瞧我的腿。

哦——请问你的腿有什么特别之处吗？
社长

企鹅

咔！是不是超长的？是不是超长的嘛？

呜哇，同样的话重复说了两遍呢。虽说如此，但我怎么看都觉得很短呀，为什么你说很长呢。
兔美

企鹅

咔！哎呀，你往哪儿看呢。听好啦，我修长的美腿啊，是以弯曲的状态藏在身体脂肪的内部了。你们能看到的只是脚踝以下的部分而已，只是脚踝以下哦！

这么说来，如果伸直了就很长了是吧。那就有劳你伸一下腿看看呗。
社长

企鹅

咔！这个是做不到了。我们的膝盖永远是弯曲的状态，腿是伸不直的。正因为如此，我们的腿看起来才会比实际短很多。明白了吧？

说了一大堆然后一转身就走掉了呢。
兔美

企鹅的腿很长我是知道了，不过看起来还是个急性子呢。
社长

结论

企鹅虽然看起来腿很短，但它们的腿以弯曲的状态藏在了身体脂肪的内部，实际上是很长的哦。

狼

人们时常看见独居的狼……

其实那是被同伴排挤的孤狼

好想有同伴哦，呜呜呜……

好难过……

基本信息	分类	哺乳纲食肉目
	分布	亚欧大陆、北美和中东地区
	大小	体长 82~160 厘米

被误解指数

狼

嗷呜——终于有人来听我讲话了。已经一年了，这一年里我没有跟任何人聊过天，我真的好寂寞。

话说，狼应该是群居动物，通常协作狩猎。你却离开了狼群独自生活。

社长

哇哦，看起来更像是因为喜欢孤独，所以不跟任何同伴来往，好帅哦！

兔美

狼

单枪匹马独自生活才不是什么好事情呢。即便是狼，我也很需要同伴啊！

难道不是因为喜欢独来独往才不加入狼群的吗？

兔美

狼

那是因为加入不了！被同伴遗弃了！狼可是互帮互助的群居动物，独居的狼其实只是没有同伴啦。

气氛一下子变得好凄凉啊！说起来，狼嚎叫的声音听起来真的能感受到孤独呢。

社长

狼

狼嚎不仅是同伴之间互相联系的纽带，也是宣示自己领地主权的方式。不过，没有同伴的狼，是不会嚎叫的。

让我们一起向神祈祷。啊，神啊！请给我同伴吧。

社长

结论

独居的狼，是因为无法加入狼群生活，被同伴孤立了。

误解认定

湾鳄

别看湾鳄是凶猛的
猎食者……

其实它也是个育儿高手呢

好可爱啊！恨不得
时刻把它（鳄鱼宝宝）
含在嘴里……

哇哦！

咔啦
咔啦

基本信息	分类	蜥形纲真鳄科
	分布	印度到东南亚一带
	大小	全长 3~7 米

被误解指数

湾鳄

哎呀呀，要采访我什么呀？如果你们的问题太无聊，我就会吃掉你们。

兔美

好可怕哦！如果你觉得世人对你们的印象有所误解的话，请你告诉我，如果没有的话也没关系。

湾鳄

嘿嘿嘿。鳄鱼呀，就是大大的嘴巴里长满尖利的牙齿，一旦有生物靠近就立马一口咬住——是这样的印象吧？

社长

是的。我认为是极其凶猛危险的动物。

湾鳄

哎呀，你还真是爱说大实话。我们对于敌人或者猎物确实是毫不留情的，但对自己的孩子可是非常温柔耐心的，我们会保护它们，并细心养育它们。

兔美

咦？好意外哦！据我所知，大多数爬行动物，比如蜥蜴，产卵之后就会对孩子弃之不顾吧。

湾鳄

是的。但是鳄鱼会养育刚刚破壳的小鳄鱼，我们先把在沙地里出生的鳄鱼宝宝放进口中再运到水里。因为鳄鱼小的时候十分羸弱，要保护它们不被天敌袭击。

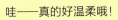

社长

哇——真的好温柔哦！

湾鳄

但是，我们可不会一味地溺爱孩子。比如学习捕猎之类的事情，它们能做到的事情都会让它们自己去做。

结论

湾鳄会细心养育刚刚破壳的小鳄鱼，而且成年鳄鱼会一直守护并养育鳄鱼宝宝直到它们长大。

误解认定

长颈鹿

看起来柔弱的食草动物……
打起架来却很激烈

被误解指数
★★★★★

基本
信息

分类	哺乳纲偶蹄目
分布	非洲稀树草原地带（撒哈拉沙漠以南）
大小	体高 6~8 米

长颈鹿

你们好啊，小兔子们！在你们眼中我是什么样的？

脖子很长，拥有纤细的双腿，是陆地动物中身高最高的食草动物。

社长

你们看上去高高瘦瘦的，应该不太会打架吧！

兔美

长颈鹿

怎么会呢？我可是打架小能手哦！为了争夺配偶，雄性长颈鹿们经常打架，我们会挥动长长的脖子，用头上的角互相撞击。你们要是看到那一幕，非吓坏不可。

但你们看起来忠厚老实又柔弱呢。

兔美

长颈鹿

什么？我可是很厉害的呢！哪怕是狮子这样的猛兽，只要它们敢靠近我们的族群，我们就会用我们超长的前腿踢倒它们！怎么，你们也想试试吗？

糟糕，长颈鹿先生生气了。请原谅我们！

社长

长颈鹿

算了，不和你们一般见识，是不是以为我是食草动物就放松警惕了？其实，我偶尔也会吃肉！

哎呀呀，实在是对不起，请不要吃我们。

社长

长颈鹿

哼——兔子我是不吃的，但如果是小鸟的话，我就不客气了，也许是为了补充蛋白质吧。这一点是不是也和你们的印象不同啊？

结论

长颈鹿完全不柔弱，它们会晃动长脖子激烈地打架。就算对手是狮子，它们也可以用超长的前腿进行强力攻击，甚至能把狮子的下颚骨踹个粉碎。

误解认定

75

猪

人们总是把又脏又乱的屋子叫"猪窝"……

其实猪都很爱干净

睡觉的地方

嚕嚕——哼哼

食物

粪便

被误解指数

★★★★☆

基本信息		
分类	哺乳纲偶蹄目	
分布	世界各地	
大小	体重 200~450 千克（约克夏猪）	

接下来我们要拜访的是小猪的家，然而……

社长

小猪的家超级干净呢，好意外哦！

兔美

哼哼——没错，我们可受不了又脏又乱的环境！

猪

人们总是把又脏又乱的地方叫"猪窝"，原来小猪的家并不是那样的。

社长

其实，我们上厕所的地方、睡觉的地方、吃饭的地方都是分开的。这是在野外生活的时候就保留下来的习惯哦。

猪

为什么要分开呢？

兔美

因为在野外生活的时候，粪便的味道会被熊之类的天敌发现，所以，我们通常把小河当成洗手间，这样就不会暴露自己了呀。

猪

那你们为什么时不时还会浑身沾满粪便呢？

社长

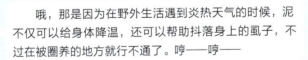
哦，那是因为在野外生活遇到炎热天气的时候，泥不仅可以给身体降温，还可以帮助抖落身上的虱子，不过在被圈养的地方就行不通了。哼——哼——

猪

小猪和我们印象中的完全不一样呢。

社长

结论

猪在野外生活的时候为了躲避天敌，保持自身健康就养成了爱干净的好习惯。因此猪是十分爱干净的。

误解认定

座谈会

虽然外表长得像，其实并不一样哦！

如何识别长得很像的动物

座谈会参与者

海狮

小飞鼠

穿山甲

虽然有些动物的外表看上去十分相似，但实际上可能并不是同类。为了避免混淆，接下来，我们就给大家讲一讲该如何区分它们吧。

穿山甲

海狮

好的，不如就先从我们海狮和海豹开始吧，我们都有像鳍一样的腿，亲缘关系确实很相近，经常会被认错呢。

那你们最明显的区别是什么呢？

小飞鼠

海狮

最明显的区分就是耳朵。海狮有耳郭，海豹却只有耳洞，没有耳郭。此外行走的姿势也不同。海狮是利用前腿支撑身体行走的，而海豹是用腹部趴在地面上，拖着身体前行的。

仔细观察的话很容易就能区分出来呢！小飞鼠和鼯鼠都是利用飞膜在树与树之间滑翔的，最大的不同就是飞膜所在的部位。

小飞鼠

海狮

既然你们都是松鼠科的动物，飞膜的位置还不一样吗？

小飞鼠的飞膜在前肢和后肢之间，鼯鼠的飞膜在脖子根部到尾巴之间。所以鼯鼠能滑翔更长的距离。

小飞鼠

你们都是亲缘关系十分相近的动物吧。可是我和大犰狳就真的是非常不同啦。

穿山甲

你们不都是用坚硬的铠甲保护自己吗？

海狮

我们穿山甲的鳞甲其实是身体上的毛发硬化后的产物，就像人类的指甲一样，属于角质。但是大犰狳的鳞甲是皮肤硬化的产物。完全不一样吧！

穿山甲

不管亲缘关系是近还是远，总之都是外表长得像，其实不一样的动物。

小飞鼠

虎鲸

虎鲸是水族馆
的红人……

更是海上霸王！

基本信息		
分类	哺乳纲鲸目
分布	全世界海域
大小	全长6~9米

被误解指数

虎鲸

听说你们在采访被误解的动物们？辛苦啦！

声音听起来好阴沉哦，跟你们人畜无害的可爱模样完全不同。

兔美

这个嘛，虽说我们也会在水族馆里表演，但在自然界中光靠可爱是活不下去的。我可是海上霸王啊，被我盯上的猎物是很难逃掉的。

虎鲸

我知道你们会捕食鱼和企鹅，那你们还会捕食其他动物吗？

社长

当然！除了它们，还有海豚、海豹、北极熊、鲨鱼等等，甚至其他比我们体型更大的鲸也是我的猎物。

虎鲸

北极熊和鲨鱼已经是十分凶猛的大型动物了！可你们居然连大型鲸也吃吗？

兔美

它们完全不是我们的对手哦。在哺乳动物中，我们的游泳速度是最快的，要知道单独的一只虎鲸就已经非常强大了，而成群的虎鲸还会采取合作捕食的策略！谁要是被我们盯上，肯定在劫难逃！

虎鲸

既强大，又聪明……瑟瑟发抖，好怕怕哦，你可别吃我们啊。

兔美

虽然我们偶尔也会想法子捕猎岸上的海豹，不过我们是不会去你们生活的地方的，放心吧！

虎鲸

不愧是海上霸王啊。

社长

结论

与可爱的外表相反，虎鲸在大海里没有天敌，是高智商的强大动物。

误解认定

作证者

北极熊

北极熊看起来全身雪白，还被称为"白熊"……

其实它的皮肤是乌黑的

你背上掉毛了哟！是不是压力太大了？

是啊……

基本信息	分类	哺乳纲熊科
	分布	北冰洋附近
	大小	体长 180～250 厘米

被误解指数

大多数熊都是褐色、灰色或黑色的，但生活在北极等地的北极熊先生却是纯白的。

兔美

北极熊

是啊，虽然我们看上去是白色的，但其实里面的皮肤是黑色的，请仔细看看我们毛发中间的皮肤。

啊啊啊！皮肤真的是黑色的！

社长

北极熊

因为黑色容易吸收太阳的热量，对于生活在寒冷地区的我们而言非常适合。

因为毛是白色的，还以为你是白色的熊呢。

兔美

北极熊

是吗？这也是错的哟，我虽然看起来像是白色的，可我的毛其实也不是白色的哟。这样吧，我送你们 1 根毛作为礼物，请你们仔细观察一下吧。

啊——啊！它居然是透明的！而且像吸管一样，中间是空的。

社长

北极熊

因为透明的毛会反射光线，所以看起来就像是白色的，这样我在北极就不容易被发现了。而且，因为毛是中空的，储存的热量也不会轻易散掉。

从透明中空的毛到黑色的皮肤，北极熊为了适应北极的生活真是做足了准备啊！

社长

结论

北极熊的皮肤其实是乌黑的。它的毛并不是白色的而是透明的。

误解认定

裸海蝶

人称"冰海天使"
的裸海蝶……

猎食时会变身恶魔

基本信息	分类	腹足纲翼足目
	分布	北太平洋
	大小	身长1~3厘米

被误解指数

兔美

在飘浮着流冰的海洋里，裸海蝶游动的样子仿佛在翩翩起舞，就像长着翅膀的天使一样，真美啊！

裸海蝶

不是的，那些看起来像翅膀的部位，其实是我的脚哦。

原来那是脚啊！这样一想，关于"冰海天使"的印象就变了呢。能不能讲讲你的身体构造？我们想多了解了解。

社长

裸海蝶

说起身体构造……有了有了，我们有一个部位看起来像天使的头对吧？其实这里是可以打开的哦。

嗯？你在说什么，我怎么听不懂……

兔美

裸海蝶

一旦找到猎物我们的头就会"啪哒"一下打开，从里面伸出 6 只触手，牢牢抓住猎物！

呜哇！那场景相当暗黑，简直有点恐怖。

社长

裸海蝶

而且啊……我们不是大口大口地吃掉猎物，而是先把猎物溶解掉然后再吸食它们。

天呐！从今天起，你们还是改名"冰海恶魔"比较好！

兔美

结论

裸海蝶虽然长着像天使一样可爱的外表，但是抓到猎物要进食的时候，简直像恶魔一样恐怖。

85

乌贼

乌贼的头部到底在哪个部位呢?

头和躯干傻傻分不清楚!

被误解指数
★★★★☆

基本信息	分类	头足纲乌贼目
	分布	热带和温带沿岸浅水中
	大小	躯干长度可达 40 厘米(长枪乌贼)

乌贼

你们好啊！我是乌贼，是人们比较熟悉的一种动物。

乌贼先生，你好。

兔美

乌贼先生，我有件事想问一……一下，乌贼和章鱼的头部分别在身体的哪个部位呀？

社长

这个嘛，应该都是脸部以上的位置吧，乌贼先生是直到三角形鳍部的部分，章鱼先生是圆形的部分吧。

兔美

乌贼先生，对吗？

社长

乌贼

错喽错喽！人们通常都是这么认为的，但其实那里是躯干，里面塞满了内脏。其实，我们的头部只是眼睛周围的那一小部分。

那么……也就是说你们的脚是长在头上的吗？

社长

乌贼

当然咯，我们不是被归类为头足纲了么？而且，那不是脚，而是腕足哦。

嗯？听到了一连串让人震惊的事实，我的心好累啊。

社长

结论

乌贼和章鱼的躯干常常被误认为是头部。而且它们的脚（腕足）长在头上。

误解认定

树懒

懒洋洋的生活看起
来轻松又惬意……

树懒如果激烈运动就会死掉！

树懒杯30厘米
竞走比赛

嗯咪嗯咪

嘭

好厉害!!

00:01:00

只花了
1分钟!

基本信息

分类	哺乳纲树懒科
分布	中美洲及南美洲
大小	体长 50～70 厘米（褐喉树懒）

被误解指数

树懒

哈——喽——我——是——树——懒——

虽然树懒先生的动作很慢，但其实也是可以加快速度的吧？比如，被天敌袭击的时候，你会拼命逃跑吗？

兔美

树懒

无论如何——我——都——无——法——加——快——动——作，所以——就——让——它——吃——掉——吧！

不会吧！

兔美

树懒

活动——身体——是需要肌肉的——而我几乎一点肌肉都没有。也许人们以为我——能紧紧地抱——在树上——其实我只是用爪子钩着——吊在那里而已。

对了，听说树懒先生一天只吃几片树叶，这是真的吗？

社长

树懒

因为不用动——只吃一点点——能维系生命就行了——就算吃了很多——消化食物也需要花费很长时间。

那样的话，树懒先生也没什么体力吧？

兔美

树懒

是的——激烈——运动的话——会消耗过多的能量——导致饿死——哎呀——光是这样醒着——就很累了——我先睡喽——zzz

树懒先生绝对没办法成为一个勤劳的劳动者吧。

社长

结论

树懒几乎没有活动身体所需的肌肉，吃得也很少，所以如果激烈运动的话，会因为能量不足而死掉！

误解认定

抹香鲸

尽管抹香鲸生活在海洋里……

却无法在水中呼吸！

基本信息
分类	哺乳纲抹香鲸科
分布	全世界不结冰的海域
大小	体长 10～20 米

被误解指数

抹香鲸

你们竟然真的到大海里来啦！欢迎欢迎。因为我们生活在水里，不请你们过来的话就没办法和你们说话了。

抹香鲸就像鱼类一样，没办法从水里出来对吧？

兔美

抹香鲸

不是的，没这回事哦。相反，我们呼吸的时候必须浮出海面。你们都听说过"鲸鱼喷水"吧？

"鲸鱼喷水"是指鲸跳出海面，"呼——"地一下把海水吹开的行为吧。

社长

抹香鲸

其实，那是我在呼吸哦。因为我的鼻孔长在头顶上，所以呼吸的时候，呼出的气体把鼻孔周围的海水吹开，并不是在用嘴巴喷水哦。

原来是在呼吸，而不是用嘴巴喷水啊！

社长

嗯。另外，因为我们呼吸的时候，会把压缩在肺部的空气一下子全部呼出来，强大的压力将海水冲上空中，就出现了你们所看到的白色水柱。

抹香鲸

呼吸换气是必不可少的，但鲸鱼不是可以潜到大海深处吗？

兔美

因为我们可以把氧气储存在肌肉里，所以潜水的时间比陆地上的动物长得多。我们抹香鲸一次可以潜水 1 小时以上呢。

抹香鲸

也就是说，你们两次呼吸之间，会间隔 1 个小时那么久！

结论

鲸需要浮出海面才能呼吸。但是，和陆地上的动物不同，鲸可以潜水很久。

误解认定

燕子

燕子的窝都是可以吃的吗？

其实只有部分金丝燕的窝才可以吃

太好了！

哇哇哇！那就是我梦寐以求的食材——燕窝呀！

金丝燕

不！这不是，你搞错了！！

燕子

基本信息	分类	鸟纲燕科
	分布	亚洲、欧洲、非洲和美洲
	大小	全长15~18厘米

被误解指数

肚子好饿！社长，我想奢侈一回，品尝一下高级食材燕窝。让燕子先生把它们的窝分我们一点吧！

兔美

燕子

我听到了哦，你想吃我的窝？我劝你还是放弃吧！那种东西几乎全是泥，怎么能吃呢。

啊？燕子先生，燕窝不是有名的食材吗？

兔美

燕子

你们搞错了。作为食材的燕窝指的是部分金丝燕的窝。

你们的鸟窝有什么区别吗？

社长

燕子

有的金丝燕，比如戈氏金丝燕，把窝筑在海岸边的峭壁上，它们会吐出富有黏性的唾液作为筑窝的材料。人类说的可以吃的燕窝一般就是这个。

好遗憾啊！我还以为我能尝一口呢。

兔美

原来燕窝是金丝燕的唾液啊！而且它们要把窝筑在海岸边的峭壁上，应该很难筑成吧。

社长

燕子

对啊，它们都已经过得那么难了，希望大家尽量不要吃燕窝啦。顺便说一下，我们是麻雀的同类，金丝燕是雨燕的同类，我们是完全不同种类的动物哦。

结论

可以作为食材的燕窝指的是部分金丝燕的窝，它们是雨燕的同类。

误解认定

座谈会

不是的，它们出人意料的凶猛

反差太大的可爱动物

座谈会参与者

 袋獾

 蜜獾

 帝企鹅

因为我们的外表很可爱，容易给人一种很弱小的印象，但我们可是出人意料的凶猛哦。

蜜獾

袋獾

对对，我也是因为外表很可爱，所以常常被认为是一种温顺的动物，但我可是能够把骨头咬得粉碎的食肉动物哦。

嗯，你的名字里就含有"恶魔"的意思（袋獾的英文名是 Tasmanian devil，devil 是恶魔的意思），虽然不太清楚你到底有多凶猛，但可以想象得出来。

蜜獾

袋獾

正是如此。别看我们主要以尸体上的肉为食，其实我们的下颌非常强壮，可以轻松地嚼烂骨头。呃……但我们还是会害怕大型生物，如果遇到人类，会马上逃跑。

这可不行哦！你看我，虽然身体很小，但我可是无所畏惧的。无论是狮子还是鬣狗，只要妨碍到我，我都会反击。

蜜獾

袋獾

真的假的？！

94

当然是真的！就算是面对剧毒无比的眼镜蛇，我也会奋起反抗。

蜜獾

袋獾

嗯？为什么帝企鹅先生会参加这个座谈会呢？你既不是食肉动物，也不会反击敌人吧。

哼——我们翅膀的力量可是非常强大的。我们游泳的样子就像是在海上飞翔一样，翅膀能有力地拨开水面。

帝企鹅

袋獾

光听你这么说，还是很难想象呀……

那我举个例子吧，人类要是被我们的翅膀扇到的话，他们的骨头可是会粉碎的，差不多就是这种力度吧。

帝企鹅

袋獾

我们可千万别……别惹帝企鹅先生生气……

独角鲸

独角鲸被称为
"海中的独角兽"……
但是没想到那根长长的角竟然是长牙

基本信息

分类	哺乳纲一角鲸科	
分布	北极圈周边	
大小	全长 3.6～6.2 米	

被误解指数

说到独角兽，那只是一种想象中的动物，它们长得像马，头上有一根角，但海洋里真的存在长得像独角兽一样的动物，那就是独角鲸先生！

社长

你们好啊。我就是你们刚才介绍的独角鲸。但是，我头上的并不是角而是长长的牙齿。

独角鲸

牙齿？但是，即使你闭着嘴巴，它还是露在外面的呀！

兔美

我的门牙长在上颌，其中左边的牙齿因为长得太长，戳破了皮肤，所以看起来像角一样。

独角鲸

只有左边的牙齿会长出来吗，太不可思议了。

兔美

在 500 头独角鲸里大概有 1 头，右边的牙齿也会长出来。就是说它们有 2 根牙齿，即你们所说的长角。

独角鲸

这样的话，它们是不是得改名叫"二角鲸"？

兔美

哈哈！顺便说一下，只有雄独角鲸才会长出这种牙齿。我们会用这个牙齿来争夺雌性。

独角鲸

像骑士一样互相搏斗吗？

社长

那样太危险了，可能会刺伤对方。我们只是互相比试一下谁的牙齿更气派，牙齿越长越粗就越受雌性欢迎。

独角鲸

结论

独角鲸的角指的是上颌左侧生长出来的长牙。只有雄独角鲸才有这种牙齿，拥有又长又粗的牙齿更容易赢得雌独角鲸的芳心。

误解认定

水黾

水黾虽然能在水面上轻捷地移动……

但有时候也会溺水

我脚毛上的油脂脱落了，我要溺水了！

滴答

扑腾扑腾

基本信息	分类	昆虫纲黾蝽科
	分布	日本、朝鲜半岛、中国等地
	大小	体长 11～17 毫米

被误解指数

★★★★★

水黾

我们水黾虽然能够漂浮在水坑和沼泽的水面上，但有时候也会被淹死。

你们在水面上轻快滑行的样子真是太不可思议了，简直像滑冰一样，但会溺水这点更让人意外呢！

兔美

水黾

其实，我们能浮在水面上的原因很简单，由于表面张力，水面上会形成一层薄薄的膜，而我们的身体非常轻盈，6 条腿上长有细细的刚毛，腿部还能分泌油脂。当脚部的刚毛被涂上这种油脂以后，我们就能很好地浮在水面上了。

但是，你溺水的原因是什么呢？我还是不明白。

社长

水黾

洗涤剂可以把油脂分解掉，如果水里混入了洗涤剂，涂在刚毛上的油脂就会脱落。那样我们就没办法滑行了……

原来你们是因为这个原因溺水的呀！如果水被污染了，那可就麻烦了。

兔美

话说回来，水黾先生总是神不知鬼不觉地出现在水面上。你是从水里冒出来的吗？

社长

水黾

怎么可能？我有翅膀，是飞过来的。

原来你会飞呀。

社长

结论

水黾由于脚毛上涂抹了身体分泌的油脂而能够漂浮在水面上，如果水被洗涤剂等污染了，油脂就会被分解掉，导致溺水。

花栗鼠

虽然花栗鼠会冬眠……

但有时也会中途醒来

被误解指数
★★★☆☆

基本信息	分类	哺乳纲松鼠科
	分布	分布广泛，亚洲东北部、北美洲均有分布
	大小	体长 11~15 厘米

社长

我们来采访花栗鼠先生了……但时机不太好，它正在冬眠呢。

花栗鼠

嗨，我这会儿恰好醒过来喽。

兔美

可是动物一旦进入冬眠，不是直到天气转暖才会醒过来吗？

花栗鼠

有些动物是那样的。但是，我们在冬眠的过程中，偶尔会醒过来。

兔美

那还算是冬眠吗？

花栗鼠

这也是一种冬眠方式哦。冬天食物短缺，我们希望自己的身体尽可能少的消耗能量。而我们的身体很小，无法提前储备大量的脂肪。所以，我们冬眠的时候呼吸和脉搏会减慢很多，然后保持一动不动的状态。

社长

就是过一种节能生活对吧。

花栗鼠

对，冬眠的时候我们的体温也会降到很低，就好像已经去世了一样。但是，我们也需要偶尔醒来吃点儿东西补充能量，顺便上个厕所。否则，可能真的会死掉哦。

社长

上完厕所就浑身"舒（鼠）畅"了吧！

花栗鼠

你这冷笑话真是一点也不好笑，我要继续冬眠去了。晚安！

结论

花栗鼠在冬眠的过程中，会偶尔醒过来吃饭和上厕所。

误解认定

日本弓背蚁

原以为是筑巢总动员……
没想到总有 20% 的蚂蚁在偷懒

被误解指数
★★★★☆

基本信息	分类	昆虫纲蚁科
	分布	日本、中国、朝鲜半岛、东南亚
	大小	工蚁体长 7~12 毫米

第 2 章 不是这样的，你误会了

工蚁先生日夜忙于筑巢工作，还抽空接受我们的采访，真是太感谢了！

社长

日本弓背蚁

哪里哪里！时间还是有的。虽然人们认为我们片刻不休地在工作，但其实全体工蚁当中总有 20% 在偷懒。

咦？20%……100 只的话，就有 20 只在消极怠工吗？

兔美

日本弓背蚁

嗯嗯。即使同伴在搬运食物，它们也一动不动，或者只是踱着步。准确地说，它们晚一点儿才开始工作。

这就是偷懒呀。把那 20% 的工蚁炒鱿鱼算了！

兔美

日本弓背蚁

把偷懒的 20% 开除的话，剩下的工蚁里又会有 20% 偷懒的。

这是为什么呢？有什么原因吗？

社长

日本弓背蚁

因为工蚁也会累啊。如果大家都在工作，同时累倒的话，筑巢的工作就没有人做了。所以，如果在工作的工蚁感到累了，那些先前在偷懒的工蚁，就会开始工作了。

所以你们才能不间断地一直从事筑巢工作。这样的话，偷懒也是可以理解的呢！

社长

结论

蚂蚁中有 20% 的工蚁比较迟才开始工作，当其余 80% 的工蚁在工作的时候，它们却在偷懒。

误解认定

作证者

河鲀

河鲀体内的毒素
非常危险……

**但河鲀体内的毒素
不是与生俱来的**

怎样才能有
这么强的毒性呢？

嗯——
和平时的饮食
习惯有关吧。

啊！
是河鲀！

被误解指数
★★★☆☆

基本信息		
分类	硬骨鱼纲鲀科	
分布	东亚（日本冲绳列岛除外）	
大小	体长 70 厘米	

河鲀

虽然不想被人吃掉，但我们河鲀确实是作为高级食材而被人所熟知的。

但河鲀是有毒的吧，而且是超强的毒性。

兔美

河鲀

对，所以在中国、日本等将河鲀列入食材的国家都有严格规定，厨师必须取得河鲀烹饪资格证才能烹饪河鲀。

河鲀的毒素主要集中在肝脏和卵巢等处，对吧？这种毒素叫作河鲀毒素，只有在高温条件下加热 30 分钟以上或在碱性条件下才能被分解。

社长

河鲀

没错没错。如果吃下去的话，舌尖和指尖会麻痹，严重的话还会送命。但是，我们的这种毒素并不是与生俱来的。

咦？你们的毒素难道是后天形成的吗？

兔美

河鲀

我们通过食用含有毒素的细菌或以这种细菌为食的生物，将毒素慢慢地储存在自己体内。

那么，在无法食用细菌的条件下养殖的河鲀就无毒了吧。这样就可以饱餐一顿了。

社长

在河鲀先生面前，社长你还真敢说呢……

兔美

结论

河鲀的毒素不是与生俱来的，而是通过食用有毒的细菌或生物，在体内储存下来的。

误解认定

105

作证者

蜈蚣

虽然蜈蚣、蜘蛛、潮虫都被叫作虫子……

其实我们并不是昆虫！

这样的才是昆虫！

胸部长有6条腿

头部　　　腹部

蜈蚣

震惊！我们的腿太多了！

确实是呢！

我们潮虫的头部、胸部、腹部也没有分开！

基本信息	分类	唇足纲蜈蚣科
	分布	除南极洲之外的六大洲
	大小	体长 11~15 厘米

被误解指数

106

蜈蚣

那个，不好意思，可以请你们听一下有关我们的误解吗？

兔美

呀！蜈蚣先生！我很怕昆虫的！

蜈蚣

没错，就是这个误解。我们蜈蚣，还有蜘蛛、潮虫等，其实并不是昆虫。但是，人们常常会把我们和昆虫混为一谈。

社长

蜈蚣先生，难道你不是昆虫吗？

蜈蚣

蜈蚣属于唇足纲，像蝗虫、蝴蝶、蜜蜂、蜻蜓、苍蝇、蟑螂……这些才是昆虫，唇足纲和昆虫纲都是节肢动物中最主要的成员。

社长

但是蜘蛛和潮虫看起来跟你说的这些昆虫也没什么区别啊。

蜈蚣

蜘蛛属于蛛形纲，潮虫属于甲壳纲。我们这些生活在陆地上，身体和腿上有体节的动物都被称为节肢动物。

兔美

那么，怎么判断是不是昆虫呢？

蜈蚣

节肢动物中，身体可以划分为头部、胸部、腹部 3 个部分，胸部长有 6 条腿的就是昆虫。我们并不是那样的哦。

可是，对不起。就算蜈蚣先生您不是昆虫，我还是很害怕。

兔美

结论

昆虫是身体可以划分为头部、胸部、腹部 3 个部分，且胸部长有 6 条腿的节肢动物。蜈蚣、蜘蛛、潮虫都不是昆虫！

容易答错的小测验 ②

哪个是长颈鹿脖子的X光片？

A　　**B**

问题

兔美

　　长颈鹿的脖子很长。我们拍了X光片来观察它脖子上的骨头，上面的图A和图B，其中有一幅图是完全错误的。哪幅图中显示的长颈鹿脖子上的骨骼是正确的呢？

答案

　　长颈鹿的脖子大约有2.5米长，很容易让人误以为它的脖子里有很多节骨头。然而它的脖子里只有7节骨头，居然和人类、兔子是一样的。其实，几乎所有哺乳动物，无论脖子长度如何，骨头都是7节！只不过长颈鹿脖子里的骨头一个个都很大。补充一下，也有些哺乳动物例外，比如树懒、犰狳、食蚁兽等，它们脖子里的骨头就是5~9节。

社长

答案：A

第3章

阴差阳错的取名故事

~ 因误解而得名的情况 ~

征集动物们
被误解的小故事

人们对动物们的"误解"应该还有很多！抱着这样的想法，社长和兔美决定试着去征集过去被人们所误解的动物们的小故事。结果，不断有作证者前来向两人倾诉……

白蚁

很多人以为白蚁是白色的蚂蚁……

其实它们是蟑螂的同类！

基本信息		
分类	昆虫纲蜚蠊目	
分布	遍布于除南极洲外的六大洲	
大小	体长 4.5～7 毫米（工蚁）	

被误解指数

白蚁

听说你们在征集有关"误解"的小故事，所以我就过来了……哎呀！这个房子看起来很好吃呢。

等一下，等一下，白蚁先生！你的话我们会听的，不要吃这个房子呀。不然我们会很为难的……

兔美

可是，我们最喜欢吃木头啦，看到木结构的房子，就会不自觉地想啃它。

白蚁

蚂蚁就要有蚂蚁的样子，去吃些甜的东西吧！

兔美

想让你们听我说的就是这个事呢。我们和蚂蚁，也就是黑蚁，并不是同类。

白蚁

哎呀！你们竟然不是蚂蚁？话说回来，你们不是和蚂蚁长得很像吗？

社长

你们仔细地看一下哦。我们的身体是圆筒形的，而蚂蚁的身体中间比两端细。在飞蚁时期，我们的前翅和后翅大小是一样的，蚂蚁则是前翅比较大。我们的触角形状也不同。

白蚁

我没记错的话，蚂蚁是蜜蜂的同类，那么白蚁先生呢？

社长

我们是蟑螂的同类哦。想不到吧！

白蚁

原来如此。感谢你的分享，能分清蚂蚁和白蚁真是太好了。

社长

结论

白蚁是蟑螂的同类，蚂蚁是蜜蜂的同类，它们的分类是不同的。

111

刺猬

刺猬是长着像针一样坚硬毛发的老鼠吗？**其实它们更像鼹鼠哦！**

基本信息

	分类	哺乳纲猬科
	分布	欧洲、亚洲、非洲
	大小	体重可达 2.5 千克

被误解指数

刺猬

你们好！也让我发发牢骚吧！有人管我叫"猬鼠"，说我像长着硬刺的老鼠，误以为我们是老鼠的同类！

这么一说，你看着跟老鼠还真是有些神似呢，只不过你们浑身布满了尖锐的棘刺。

兔美

刺猬

如果非要说像谁的话，我们其实更像鼹鼠一些呢。

那你也会钻到地下生活吗？这一身的刺，感觉很不方便呢。

兔美

刺猬

不会哦！说我们像鼹鼠是因为，我和鼹鼠一样是吃虫子的，没有鼠类那么坚固的牙齿。而鼠类的门牙很发达，无论是果实还是坚硬的树木都能咔嚓咔嚓地吃下去。

原来如此。那么，刺猬先生，这样说来我们或许也可以叫你"针鼹"？

兔美

刺猬

那可不行，有一种动物就叫针鼹，不过它们跟鼹鼠也没关系，而是鸭嘴兽的近亲。

那可真是乱套了呢。

兔美

呜——嗯，我的脑子都混乱了，连冷笑话都想不出来了。

社长

社长，没有人想听你讲冷笑话啦。

兔美

结论

刺猬不是鼠类，反而更像鼹鼠。此外还存在一种叫针鼹的动物，它们是鸭嘴兽的近亲。

你又不是鼠类，不要勉强了。

误解认定

帝王蟹

虽然被称为
"蟹中之王"……

**但帝王蟹并不是
螃蟹的同类**

基本
信息

分类	软甲纲石蟹科	
分布	北太平洋的冷水海域	
大小	甲幅 25 厘米	

被误解指数

114

帝王蟹

你怎么回事呀，不要看着我流口水啊。你不是兔子吗？！

哈！我忘记自己是兔子了，从读者的视角来看，螃蟹真的很美味呀！一不小心就看呆了，不好意思啊。

兔美

帝王蟹

算了算了。谁让我们看起来很好吃呢。不过我们可不是螃蟹哦。来，数一数我有几条腿吧。

嗯——1、2、3……包括蟹螯的话，8 条！咦？螃蟹不是腿加蟹螯共有 10 条吗？

社长

帝王蟹

螃蟹是这样没错，但我们不是螃蟹。

人们都赞誉你是"蟹中之王"，我还以为指的是螃蟹中的帝王。

兔美

说起"蟹中之王"，你看我们的腿又肥肉又多，可谓是实至名归。对于这点我们还是很自豪的。

帝王蟹

因为被吃这件事而自豪吗？你们真是"积极向前"呢。

兔美

积极向前这一点你说对了，我们和只会横着走的螃蟹不同，我们可以向前走。也就是说，我们总是向前看的！

帝王蟹

结论

帝王蟹不是螃蟹的同类，它们只有 3 对脚加上 1 对蟹钳。而且它们不是横着走，而是朝前走的。

误解认定

座谈会
误会引起的悲剧

黑犀

指猴

旅鸽

**座谈会
参与者**

黑犀

> 在这个世界上，有些误解可能会导致一些难以预料的悲剧……

> 希望大家能够通过今天的座谈会了解这些事。

指猴

黑犀

> 我们犀牛脸部的前端长着角，不知为何，人们深信这个角是一种名贵药材……

黑犀

> 为了得到我们的角，现在非法狩猎仍在持续……许多犀牛被杀害，我们陷入了即将灭绝的危机。但是，我们的角明明不能入药啊！

> 我们所面临的悲剧也非常残酷。因为我们的外表看起来有点吓人，加上我们天黑之后才出来活动……

指猴

> 因此，人们称我们为"恶魔的使者"，认为如果不杀掉我们就会遭到不幸，于是我们被不断地杀害。马达加斯加岛上，我们的存活数量在急剧减少。

指猴

至少，你们都还有机会可以纠正误解。

旅鸽

黑犀

你是旅鸽?! 可是你明明已经灭绝了呀。

是啊。过去在地球上我们的数量曾多达 50 亿只，但人类说我们会破坏作物，他们捕杀我们，还吃我们的肉，每年都有 1000 万只以上的旅鸽被捕杀。

旅鸽

更过分的是，有些人类把用猎枪射击我们当成了一种娱乐项目，导致我们在大约 100 年前就灭绝了。

旅鸽

指猴

旅鸽在数量不断减少的过程中，没有受到保护吗？

当然，人类也曾想过要出台保护旅鸽的法律，可是，他们又坚信"旅鸽的数量很多，不用担心会灭绝"……

旅鸽

黑犀

当人们意识到的时候已经来不及了，对吧? 希望人类再也不要犯同样的错了。

白犀

白色的是白犀，黑色的就是黑犀？

之所以叫白犀，并不是因为颜色和黑犀不同

白色吗？
（white）

它的嘴巴很宽！
（wide）

基本信息

分类	哺乳纲犀科
分布	非洲
大小	体长 335~420 厘米

被误解指数

★★★★★

白犀先生，欢迎你。你们之所以被叫作白犀，是因为比起黑犀先生，你们的身体看起来更白吗？

兔美

白犀

其实我的身体颜色，和黑犀并没有多大差别哦。

咦？让我想一想……颜色的差别确实只有一点点呢。而且仔细对比的话，你们嘴巴的形状倒是不太一样哦。

社长

白犀

哇哦，你注意到关键点了。我们白犀的嘴巴就像宽口的铲子一样，这种形状可以方便我们吃地面上的草。而黑犀的嘴巴前端有点尖，正适合它们吃树叶和小枝条。

难道说你们名字的由来，不是因为彼此颜色的差异，而是因为嘴巴的形状？

兔美

白犀

是的。我们的嘴形又平又宽。所以，非洲人说"wide（宽的）"这个词的时候，学者错听成了"white（白的）"，于是我们的名字就变成了白犀。

那么黑犀先生呢？

社长

白犀

既然我们是"白"，那么嘴形不同的另一种犀牛就是"黑"了呗……黑犀的名字就这样被草率的决定了下来。

站在黑犀先生的立场上考虑一下，它一定委屈得想哭吧……

兔美

结论

因为学者听错了，白犀和黑犀才被取名为现在的名字。

误解认定

佛法僧

因为独特的叫声
而被命名为佛法僧……

然而这种叫声是别的鸟类发出的！

被误解指数

★★★☆☆

基本信息		
分类	鸟纲佛法僧科	
分布	中国、朝鲜半岛、日本、东南亚、新几内亚岛、澳大利亚	
大小	全长 25~34 厘米	

啊，佛法僧先生，你怎么闹情绪了？这种行为与你那绚丽的羽毛和神圣的名字不太相称哦。

兔美

你的名字"佛法僧"指的是佛（释迦牟尼）、法（释迦牟尼的教义）、僧（弘扬释迦牟尼教义的人），对吧。

社长

哼！我才不想被取这么夸张的名字呢。说起来，我们叫这个名字是因为人们觉得我们的叫声和日语中"佛法僧"三个字的发音十分相似，但其实那个叫声是别的鸟发出的。

佛法僧

那么，叫声酷似"佛法僧"的是谁呢？

兔美

是红角鸮啊。它们在附近鸣叫时，恰巧人类看到了外表美丽的我们，就误以为我们是这个声音的主人。

佛法僧

因为你们美丽的外表和那个叫声的意象很契合对吧。

社长

其实我的叫声和外表的反差特别大，听过的人基本都会大吃一惊。

佛法僧

我一直很好奇呢，让我听听，快让我听听吧。

兔美

……咕唉咕唉咕唉……桀桀桀桀……

佛法僧

嗯——好像是没有……神圣的感觉呢！

兔美

结论

红角鸮的叫声酷似日语发音中的"佛法僧"，但人们误以为这种叫声是一种外表美丽的鸟发出的，于是这种鸟被取名为佛法僧。

误解认定

狐猴

狐猴的名字是个美丽的误会！

当地人的方言"看那个"变成了它的名字

基本信息		
分类	哺乳纲狐猴科	
分布	非洲（马达加斯加）	
大小	体长 75~80 厘米	

被误解指数

122

因为误解而得名的动物还真不少呢。

兔美

狐猴

我们更惨，当地人随口说的一句话，却成了我们的名字。

狐猴先生，这是怎么回事呢？

社长

狐猴

从前，有个法国学者来到我们生活的马达加斯加岛进行调查。这时，给学者带路的当地人看见了我们，便指着我们对学者说"看那个"。

难道说学者以为这句"看那个"就是狐猴先生的名字吗？可是，那样的话你的名字应该是"看那个"才对吧？

兔美

狐猴

这是因为另一个误解。学者的助手把当地人说的"看那个"错听成了"狐猴"。

"看那个"被当成了名字，而且还听错了……双重误解，真是太悲惨了。

社长

结论

马达加斯加岛上的当地人说的一句方言"看那个"，被法国学者误以为是狐猴的名字，而且还听错了！这便是狐猴名字的由来。

误解认定

"因误解而得名"的情况还有呢！

鼯猴不是猴，土豚不是猪

作证者
鼯猴

作证者
土豚

虽然我的名字里有"猴"字，但我不是猴子的同类。如果你看过我的样子就知道我有像鼯鼠一样的飞膜，可以从一个树枝向另一个树枝滑翔，但我也不是鼯鼠的同类。要说我是哪种动物的同类，过去我曾被归为鼩鼱和蝙蝠的同类，但其实我是介于它们之间一个名为"鼯猴科"的独立类群。

看看我可爱的鼻子，是不是和猪鼻子十分相似？因为只要遇到天敌，我就会挖土造一个洞穴来藏身，所以我叫土豚。然而我的生活和猪可完全不同。我生活在非洲草原等地，夜晚才出来活动，能用细长的舌头舔食白蚁。因为我们是从远古时期幸存下来的动物，所以只有一个种类。

第 4 章

关于恐龙的真相

~ 那些不断被误解的恐龙 ~

"我是恐龙，我想告诉大家一些关于我的误解。"

采访结束后，兔美回到家中准备睡觉了。可是半睡半醒间，似乎有人在它耳边低声呢喃。兔美睁眼一看，发现竟然是很久很久以前就已经灭绝的恐龙！我们对恐龙的了解，大多来源于前辈们多年的研究，但在这些研究中，也积累了不少关于恐龙的误解。

三角龙

同一种恐龙在不同的
书里颜色却不相同……

恐龙的颜色其实是人们想象出来的！

你这身颜色真好看啊！

你身上的颜色也很不错哟！

嗯……

这两种配色怎么样啊？

基本信息	拉丁文学名的意思	脸上长有 3 只角
	大小	全长 6~9 米
	生存的时期	白垩纪后期
	化石产地	美国、加拿大

被误解指数

三角龙

喂，兔美……兔美呀，快起来……

咕哝咕哝……咦？我是在做梦吗？我的枕头边上居然出现了一只恐龙……你，你是三角龙先生吧！你不是已经灭绝了吗？！

兔美

三角龙

我想告诉你一件很重要的事，所以就出现了。

那，那……你想告诉我什么呢？

兔美

三角龙

你在看恐龙图鉴的时候有没有发现，明明是同一个名字的恐龙，在不同的书里颜色却不相同。

是的！是的！我还以为就算是同一种恐龙，颜色也会不一样呢。

兔美

三角龙

这种想法是不对的哦。因为恐龙已经灭绝了，所以很多形态特征都是人们根据自己的想象描绘出来的。身体的形状可以根据化石来复原，而难以保存在化石中的身体颜色则是人们参考现存的动物，凭想象画出来的。

所以画的人不同，画出来的恐龙颜色可能就不同了吧。

兔美

三角龙

顺便说一下，人们已经发现了保存有羽毛印痕的化石，能鉴定出部分恐龙真正的颜色。

那以后我们画这些恐龙的时候，就能画出它们正确的颜色啦！

兔美

三角龙

结论

恐龙的颜色是人们以现存的动物为参考，凭想象画出来的。但有些恐龙化石保存有羽毛，科学家已经鉴定出了它们真正的颜色。

误解认定

127

禽龙

禽龙的特征是尖锐的大脚趾……

最开始人们还以为那是角！

基本信息		
拉丁文学名的意思	鬣蜥的牙齿
大小	全长约 10 米
生存的时期	白垩纪前期
化石产地	欧洲、亚洲

被误解指数

★★★★☆

128

禽龙

喂，兔美……兔美呀，快起来……我也想告诉你一件很重要的事，于是就来了。

咕哝咕哝……我超级困的……啊，您是禽龙先生吧！

兔美

禽龙

一下就认出我来啦！看来我的特征够明显。说到我的特征，就是前脚尖锐的大脚趾。但是最开始的时候，人们在化石中发现了尖锐凸起的骨头，还以为这些骨头是长在其他部位的，你猜猜人们早期认为这块骨头长在哪里呢？

大半夜被吵醒，居然还要猜谜题？不过，既然是尖锐的部位，是角吗？

兔美

禽龙

答对了！人们认为这块骨头长在我们鼻子前端，就像犀牛的角一样。

为什么人们会觉得那是像犀牛一样的角呢？

兔美

禽龙

不清楚。也许是因为又尖锐又气派，看起来不像脚趾吧。

不知道当时人们是怎么想的呢。

兔美

禽龙

之后，人们发现了完整的禽龙化石，才知道那是大脚趾。顺便说一句，人们以为我们的大脚趾是用来防身的武器。

等一下！在您消失之前，请告诉我禽龙大脚趾的真正用处吧！咦……这就走了吗？

兔美

结论

禽龙化石中尖锐突起的骨头化石是大脚趾的化石，最开始人们还以为那是长在鼻子前端的角。

误解认定

霸王龙

虽然霸王龙是恐龙界的
头号巨星……

**但是关于其形象的
猜想图一直在变化！**

基本 信息	拉丁文学名的意思	暴脾气的蜥蜴
	大小	全长 12～13 米
	生存的时期	白垩纪后期
	化石产地	美国、加拿大

被误解指数

霸王龙

喂，兔美……兔美呀，快起来……

我醒着呢！我想今晚应该也会有恐龙先生来找我，正期待着呢！可是，你是……哪位啊？

兔美

霸王龙

什，什么？你不认识我吗？我就是恐龙界的头号大明星——霸王龙呀！

咦？要说霸王龙的话，不是浑身都覆盖着鳞片吗？你身上长的又是什么呀？

兔美

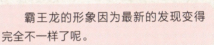
霸王龙

最新研究表明，我们最原始的同类身上长有羽毛。因此科学家提出了一种新的观点，我们霸王龙的身上可能也长有羽毛。

霸王龙的形象因为最新的发现变得完全不一样了呢。

兔美

霸王龙

嗯。最初，我的形象是像怪兽一样直立着拖着尾巴。之后变成了尾巴保持水平状态站立的样子，现在又变成了长有羽毛的恐龙。这些都是研究的成果呢。

那么，接下来你的形象还有可能会发生变化吗？

兔美

霸王龙

那是当然。这次我是按最新研究所描述的样子来见你的，直接让你知道真相不就没意思了吗。这是我对你的特别关照哦。

不要不要，你快告诉我真相吧！……哎呀，又消失了！

兔美

结论

霸王龙的猜想图从垂直站立的形象变成了尾巴保持水平的模样，最近又变成了长有羽毛的样子。

误解认定

131

剑龙

剑龙因背上长有特殊的骨板而为人们所熟知！

关于这个骨板的排列方式人们有许多猜想

乌龟那样的……？

带刺的……？

排成1列的……？

咕哝-咕哝……到底是哪个龙？

是相互交错的2列骨板哟。

基本信息	拉丁文学名的意思	长了屋顶的蜥蜴
	大小	全长7~9米
	生存的时期	侏罗纪后期
	化石产地	美国、葡萄牙

被误解指数

★★☆☆☆

今天晚上恐龙先生也出现了呢！等你很久了！那么，你想告诉我什么呢？

兔美

剑龙

我的背上长有骨板。如今存活着的动物身上都没有这样的东西。所以，人们关于我的骨板有很多猜想。

没有能够参考的东西，那就只能靠想象了……

兔美

剑龙

关于我的骨板有各种各样的说法，有的认为我的骨板就像龟甲一样覆盖在背上，有的认为骨板是呈 1 列排开的，等等。

然后呢……只要看一下你的背就一目了然了吧。在消失前，请让我看一下你的背吧！

兔美

剑龙

你想怎么看都行哦！因为最近人们发现了完整排列着的骨板化石，知道了我们的骨板是呈 2 列相互交错着生长的。

终于让我看到真相了，太痛快了！可是，你的骨板有什么作用呢？

兔美

剑龙

骨板里有血管流通，体温上升的时候，我们可以走到凉爽通风的地方，使身体降温之类的……大概吧，我也不太清楚……

等一下！不要消失啊！我还有问题要问呢！

兔美

结论

人们在最近几年才知道剑龙背上的骨板是呈 2 列相互交错排列的。

误解认定

肿头龙

虽然都说肿头龙会用坚硬的头部互相撞击来进行搏斗……

其实肿头龙的脖子很脆弱，不会互相撞头

咔咔响

这样剧烈碰撞的话，我们的脖子会嘎嘣一声折断的……

嘎嘣

基本信息	拉丁文学名的意思	头部很厚的蜥蜴
	大小	全长约 5 米
	生存的时期	白垩纪后期
	化石产地	美国

被误解指数

★★★☆☆

今晚的恐龙是……肿头龙先生呢。虽然见到恐龙先生们很开心，但是每次都在半夜见面，我好困啊，大家也可以去找社长哦。

兔美

肿头龙

那真是给你添麻烦了。可是，我也正因为人们的误解而备受困扰呢。请听我说说吧。

那么，你被什么事情所困扰呢？

兔美

肿头龙

我们被叫作肿头龙，头部的骨头又厚又硬。因此，人们常常描绘出我们为争夺地盘，用头部激烈地相互撞击的战斗场面。那个场景，光想想都感觉痛呢……

什么意思？头部很坚硬的话，应该没什么问题吧。

兔美

肿头龙

我们的头部确实很坚硬。然而，科学家后来发现了我们脖子的骨头，研究结果显示，我们脖子的骨头很脆弱，即便是顶一下头这种程度的冲击都会让它折断。

也就是说，你们气派的头在争夺地盘的时候并不能发挥作用喽！

兔美

肿头龙

不是的。有观点认为我们会低下头来，通过比较谁的头部看起来更气派来争夺地盘。

向竞争对手低头……这么和平的竞争方式，我好喜欢呀。

兔美

结论

有观点认为肿头龙坚硬的头部并不是用来相互撞头的，而是用来比较谁的头部看起来更加气派。

误解认定

窃蛋龙

虽然被叫作
"窃蛋龙"……

其实那些都是它自己的蛋

这都是我自己的蛋！！

啊！是窃蛋龙！！

基本信息	拉丁文学名的意思	偷蛋的贼
	大小	全长约 1.5 米
	生存的时期	白垩纪后期
	化石产地	蒙古国、中国

被误解指数

今晚，恐龙的幽灵应该会去找社长了吧，终于能睡个久违的好觉了……唉——又有恐龙来了！你是窃蛋龙先生吧？

兔美

我好恨，我好恨呀，我恨死"窃蛋龙"这个名字了！我明明没有偷蛋。

窃蛋龙

那么，你偷了什么呢？食物吗？

兔美

为什么要以我"偷东西"为前提呢！不是的，不是的！因为我的化石是在有蛋的恐龙窝旁边被发现的，所以人类就以为我是来偷蛋的……其实那个窝是我自己的！我正在孵自己的蛋啊！

窃蛋龙

哎呀！明明是在照顾自己的蛋，却被当成了小偷。必须解开这个误会才行呢！

兔美

不过，现在人们已经知道那个窝是我们自己的。可是……人们依旧没有把我们的名字改掉，还是管我们叫"窃蛋龙"。我好恨呀！

窃蛋龙

哎呀，既然误会已经解开了，那就行了嘛……每天晚上都有恐龙过来，不让我好好睡觉，我才是好恨呢。

兔美

结论

人们认为窃蛋龙喜欢偷其他恐龙的蛋，于是给它取了这个名字，其实它是在照顾自己的蛋。

误解认定

137

无齿翼龙

虽然都说地上有恐龙，空中有翼龙，海里有蛇颈龙……

其实翼龙、蛇颈龙都不是恐龙

基本信息	拉丁文学名的意思	有翅膀而没有牙齿
	大小	翼展长度 7~8 米
	生存的时期	白垩纪后期
	化石产地	美国

被误解指数

★★★★★

无齿翼龙

喂，社长……社长哟，快起来……我是无齿翼龙啊。

你好，我已经恭候多时了。听兔美说每天晚上都有恐龙出现跟它说话，我非常羡慕呢！终于见到你了，我太高兴了。

社长

无齿翼龙

哎呀！你一直在等恐龙出现吗？那太不好意思了！我并不是恐龙，而是翼龙哦。

咦？翼龙不就是在空中飞的恐龙吗？

社长

无齿翼龙

所谓恐龙，简单来说，就是腿部从躯干上笔直地长出来的一种爬行动物。

这么说来，你有翅膀所以不是恐龙……那是鸟类吗？

社长

无齿翼龙

不是的，鸟类的翅膀是由前肢上的羽毛构成的，而翼龙的翅膀是由连接前肢和躯干的皮肤伸展形成的。我们属于不同于恐龙的另一种爬行动物。

这么说来……生活在海里的蛇颈龙也不是恐龙喽？

社长

无齿翼龙

对。双叶铃木龙之类的蛇颈龙因为腿部已经变成鳍了，所以也不是恐龙。

就算是这样，可以见到恐龙时代的动物，我还是非常高兴！

社长

结论

无齿翼龙之类的翼龙，以及双叶铃木龙之类的蛇颈龙是和恐龙生活在同一时期的爬行动物，但并不是恐龙。

误解认定

容易答错的小测验③

以下两个"小心有鹿"的路标中，哪一幅画的是日本的鹿？

A

B

问题

兔美

图 A 和图 B 都是"小心有鹿"的路标。这两个路标都在提醒人们小心有鹿突然蹿出。其中，哪幅图是以日本的鹿为原型画的呢？

以日本的鹿为原型的是图 B。但是，我们经常看到的提醒人们小心有鹿突然蹿出的路标是图 A。图 A 其实是以白尾鹿为原型画的。日本并没有白尾鹿，白尾鹿的角的朝向和日本鹿的不同。为什么日本的路标上会画其他国家的鹿呢，那是因为现在日本的道路标志是以其他国家的道路标志为参考设定的。因为这两种路标都有在使用，所以答错也是难免的。

答案

社长

答案: B

第 5 章

它们真的存在

~ 曾被认为是虚构动物的发现之旅 ~

还有其他关于
动物的误解吗？

兔美到档案室查阅过去的一些资料，想要了解更多有关被误解的动物的信息。这时，它发现了一篇名为"发现之旅——曾被认为是虚构的动物"的报道。报道中的动物曾被认为是虚构的，或者是和传说中的生物搞混了……虽然现在人们已经对它们很熟悉了，但以前也曾对它们有很多误解。

发现之旅 ① ——曾被认为是虚构的动物

鸭嘴兽曾被误以为是恶作剧

基本信息

分类	哺乳纲鸭嘴兽科
分布	澳大利亚东部、塔斯马尼亚岛
大小	体长 31~40 厘米

陈述者

鸭嘴兽

长有鸭嘴的毛皮

我的名字叫鸭嘴兽，欧洲人在澳大利亚发现了我们，并于 1799 年将我们的毛皮送到了英国。

动物学家见过我们的毛皮后大吃一惊，一时无法判断我们究竟是鸟类还是哺乳动物。这是因为，我们的嘴巴和鸭子几乎一模一样，小短腿上却长有蹼和钩爪，还有着和河狸一样的扁扁的尾巴。

动物学家曾以为鸭嘴兽是"恶作剧"并大发雷霆

因为和当时已知的动物相比，我们的样子太奇特了，所以见到我们的动物学家大怒："这不就是把鸭嘴粘在水獭身上做出来骗人的吗！"

然而，这位动物学家经过详细调查后，更加震惊了，因为我们的毛皮上并没有粘贴鸭嘴的痕迹。

明明是哺乳动物，鸭嘴兽却既会下蛋，又会分泌毒素……

人们终于明白我们是真实存在的动物。因为我们长着"像鸭子一样的嘴"，故而被取名为"鸭嘴兽"。

然而，故事并没有就此结束。因为人们完全不知道我们是怎样的一种动物，于是便对我们进行了各种研究。然后，学者们再次震惊了。

哺乳动物会产下幼崽，通过乳腺分泌乳汁喂养孩子，但我们的孩子是从蛋里孵出来的，而且我们的乳汁是从肚子上的褶子中分泌出来的。

另外，哺乳动物中很少有会分泌毒素的动物，但雄性鸭嘴兽后腿脚掌上的尖刺会分泌毒素。

实际上，我们是从远古时期幸存下来的哺乳动物，所以才会和现在的哺乳动物如此不同。

结论

鸭嘴兽之所以有这样奇特的样子和生存状态，是因为它们是远古时期幸存下来的哺乳动物。

发现之旅② ——曾被认为是虚构的动物

科莫多巨蜥曾被认为是传说中的巨龙

基本信息

分类	爬行纲有鳞目
分布	印度尼西亚（小巽他群岛的一部分）
大小	体长 200~300 厘米

陈述者

科莫多巨蜥

人们以为发现了"传说中的巨龙"而引起了轰动

我的名字叫作科莫多巨蜥，也被叫作科莫多龙。所谓的巨龙，当然只是传说中的生物。

为什么我们的名字会和龙相关呢？那是因为 1911 年第一个看见我们的人类非常震惊，声称自己发现了传说中的巨龙，从而引起了轰动。

这是巨龙吗？！

经过详细调查，人们发现科莫多巨蜥是一种巨型蜥蜴

1912 年，为了验证发现巨龙的事情是否属实，人们展开了详细的调查。结果表明，科莫多巨蜥不是巨龙而是蜥蜴。

即便如此，人们依然非常震惊于我们的外形。毕竟我是一个全长 3 米、体重 140 千克的庞然大物，是世界上最大的蜥蜴。

好大啊！

虽然科莫多巨蜥是一种危险的动物，但其实它们的胆子很小！

就如我们的名字一样，我们体型巨大，有着锐利的爪子和可以咬碎骨头的强壮颌骨。我们以鹿、猪等哺乳动物为食，有时也会捕食弱小的同类及幼体，偶尔还会攻击人类或觅食人类尸体。

随着事情真相大白，人们知道虽然我们并不是巨龙，但也是一种凶猛可怕的动物，而且还知道我们有分泌毒液的毒腺。

然而，我在这里要告诉大家的是，人们的这个认识并非完全正确。

我们之所以会发起攻击，大多是因为对方擅自进入了我们的地盘。我们几乎没有主动靠近过人类，因为站立着的人类看起来高大又恐怖。虽然我们被叫作龙，但其实胆子很小的。

结论

科莫多巨蜥被误认为是巨龙，它体型巨大并有着危险的力量，但其实它的胆子非常小。

145

发现之旅③——曾被认为是虚构的动物

大熊猫好不容易才被承认是一个新物种

基本信息	分类	哺乳纲熊科
	分布	中国
	大小	体长 120~150 厘米

陈述者

大熊猫

被称为"神的使者"的珍贵动物

早在 4000 年以前，中国就有了各种关于我的记载，诸如"神的使者""以铁为食的像熊一样的动物"。没错，在我们所生活的中国，人们很早就知道我们的存在。但是因为我们非常稀少和珍贵，所以对于我们究竟是怎样一种动物，人们似乎并不太了解。

毛皮！

骨！！

毫无疑问这是一个新品种！

直到 150 年前，全世界才知道我们的存在！

如此神秘的我们在 1869 年才被全世界知晓。当时，一位法国的神父到中国旅行，第一次看到黑白色的动物毛皮，惊叹"竟然有这样的动物"，便将我们的毛皮和骨头送给了法国的学者。

于是，1870 年大熊猫被认定为新物种，随后逐渐被人们所知晓。

姓名 大熊猫

真实存在认证

明明我才是前辈……
（小熊猫发言）

因为我们实在是太出名了……

我们的家乡在美丽的中国，其实最早的时候，我们的名字并不叫"熊猫"，那时候我们的名字还挺酷，比如"食铁兽""猛豹"什么的。

我听说"熊猫"这个名字在中国最早记载的是"小熊猫"前辈，好像是 1915 年的事吧，反正那个文献上画的画像明显不是我们。不过后来到了 1935 年，突然有人用"熊猫"这个名字来称呼我们，并记录在文献中，然后因为我们实在是太出名了，大家一提起"熊猫"，自然而然就想到我们……

说实话我都嫌人类太懒了，他们给我们和"小熊猫"前辈起了重复的名字，也不反省自己，反而为了省事，干脆用体型大小来区分，直接在"熊猫"前面加了个"大"字和"小"字，以此来区分我和前辈。哎，这也太敷衍了，真是的！

现在我真是对小熊猫前辈感觉挺不好意思的，明明是它先被命名为"熊猫"的，但因为我的名气更大，它就只好委屈变成"小熊猫"了。明明它才是前辈，真的很抱歉呢。

结论

虽然在很久以前就有人知道大熊猫是一种珍贵的动物，直到被认定为新物种后，它才开始被全世界所熟知。

发现之旅④——曾被认为是虚构的动物

倭河马曾被认为是不存在的生物

基本信息

分类	哺乳纲河马科
分布	非洲西部
大小	体长 170～195 厘米

陈述者

倭河马

许多学者都不承认倭河马的存在

虽然如今我们和大熊猫、獾狐狓一样都被人们视为极其珍贵的动物，但在过去人们怎么也不愿承认我们是真实存在的。这倒是不难理解，毕竟人们很难想象出倭河马是什么样子。其实，大约在 150 年前，人们就已经发现了我们的骨头，动物园还饲养过我们的幼崽（但是很快就死掉了），即便如此我们也没能得到人们的承认。

山羊般大小的河马？

不存在的吧！

不存在的，不存在的！

其他动物的传闻成为了现实

大角怪 = 非洲野猪

黑猪怪 = ???

那之后又过了 40 多年，到了 1910 年，德国的动物商人得到消息，在非洲西部有两种怪物，分别叫作"大角怪"和"黑猪怪"。

后来，人们知道了"大角怪"其实是非洲野猪，于是有人开始提出"黑猪怪"应该也是存在的。而且，传闻中"黑猪怪"的特征，与倭河马的吻合度极高。

传说中的怪物"黑猪怪"真的存在啊！

听到这个消息后，德国的一位探险家认定"倭河马也肯定存在"，便在利比里亚开始了调查。可是，当地人说"已经没有黑猪怪了"，不愿意协助调查。可见我们的数量是多么稀少。

然而这位探险家并没有因此放弃，而是花了几个月时间在森林里转悠，终于发现了传闻中的"黑猪怪"，也就是我们。不过，那个时候我们逃掉了。

虽然这位探险家回国后宣布发现了倭河马，但谁都不相信。于是，他再一次来到利比里亚进行调查，终于在 1913 年成功捉住了我们。人们这才知道我们是真实存在的。

结论

虽然大约 150 年前人们就发现了倭河马的骨头，还在动物园里饲养过倭河马的幼崽，但那时人们并不相信那就是倭河马。直到 1913 年，人们活捉了倭河马，才终于承认了它们的存在。

发现之旅⑤——曾被认为是虚构的动物

麋鹿一度被认为是已经灭绝的珍贵动物

陈述者
麋鹿

基本信息		
分类	哺乳纲鹿科	
分布	亚洲（原产地中国）	
大小	体长 183～216 厘米	

鹿 + 牛 + 马 + 驴 = 四不像

角像鹿，蹄像牛，头像马，尾像驴，但不是 4 种动物中的任何一种。所以，我们被称为四不像，也就是麋鹿。

我们不是 4 种动物相互杂交产生的，但外貌却兼具了这 4 种动物的特征。

四者合为一体

皇帝为了狩猎，饲养了麋鹿

这是什么呀?!

快，快，给我2头!!

距今大约 150 年前，一位法国的传教士来到中国。他看到中国的皇帝为了狩猎，在皇家猎苑圈养各种动物的场景，发现竟然有一种动物兼具了 4 种动物的特征，非常震惊，这让他难以置信。于是，他想办法寻到 2 头麋鹿，制成标本寄到巴黎自然历史博物馆。

麋鹿在原产地中国已经灭绝了，但在欧洲还幸存着

之后，法国动物学家经过研究，将我们认定为新物种。然后，欧洲人从中国运走了几十头麋鹿，并饲养在欧洲各国的动物园中。人们不会想到当时的这一举动后来竟然避免了我们的灭绝。

因为，在那之后，中国出现了大洪水和饥荒，爆发了战争，1900 年我们在中国本土全部灭绝了。并且，欧洲动物园里的麋鹿也由于战争全部死亡，当时人们以为麋鹿灭绝了。

然而，英国贵族饲养在私人庄园里的麋鹿得以幸存。

1985 年，22 头麋鹿从英国运抵北京，重新回到了我们的家乡——中国。1986 年，39 头麋鹿从英国运抵江苏省大丰市，我们终于重新回到我们的野生祖先最后栖息的沿海滩涂。

现在，全世界的麋鹿已经超过 2000 头啦。

结论

麋鹿是鹿的同类，拥有 4 种动物的特征，原产地在中国。虽然麋鹿曾在中国全部灭绝，但英国贵族饲养的麋鹿的后代，现在仍存活着。

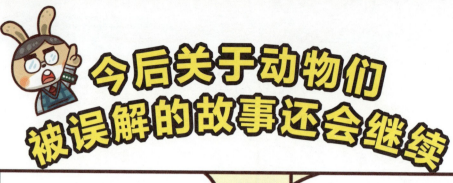

今后关于动物们被误解的故事还会继续

兔美，关于动物的误解真多啊。来，喝杯咖啡吧。

是啊，真没想到会听到这么多有关动物被误解的情况。

但同时我们也知道了生物研究就是在这些不断累积的误解中前进的。

其实，社长……

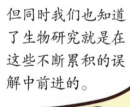

大家对我也有一个误解！

�睬？

我们对你有什么误解呢?

别猛地靠过来呀。

其实兔美是我的姓!我的全名是"兔美咪咪"。

姓 名
兔美 咪咪

噗——

你说什么!

虽然大家以为"兔美"就是我的全名……

嗯?

晕晕乎乎~

没想到在自己的身边居然就有这样的误解!成见真是可怕呀!

也许下一个发现这种误解的人,就是你哦!

再会喽!!

就是这样。关于其他动物的误解肯定还有很多!

(本书完)

153

索 引

我把本书中出场的动物按每个类别（分类）的首字母顺序介绍给大家！

图书在版编目（CIP）数据

超惊奇！被误解的动物 /（日）今泉忠明编；（日）小崎雄文；（日）吉村好之图；左俊楠，陈榕榕译 . —昆明：晨光出版社，2021.3（2021.5重印）

（动物的那些事儿）

ISBN 978-7-5715-0580-6

Ⅰ.①超… Ⅱ.①今… ②小… ③吉… ④左… ⑤陈… Ⅲ.①动物－少儿读物 Ⅳ.① Q95-49

中国版本图书馆 CIP 数据核字（2020）第 047666 号

Usonandesu

© Gakken

First published in Japan 2018 by Gakken Plus Co., Ltd., Tokyo

Chinese Simplified character translation rights arranged with Gakken Plus Co., Ltd. through Future View Technology Ltd.

Simplified Chinese translation copyright © 2021 by Beijing Yutian Hanfeng Books Co.,Ltd.

著作权合同登记号 图字：23-2019-191 号

出 版 人 吉 彤

编　　者	〔日〕今泉忠明	责任编辑	李　政　　常颖雯　　韩建凤	
文　　字	〔日〕小崎雄	项目编辑	徐君慧　　石翔宇	
绘　　图	〔日〕吉村好之	版权编辑	张静怡	
翻　　译	左俊楠　陈榕榕	封面设计	张　然	
项目策划	禹田文化	内文设计	尾　巴	

出　　版　云南出版集团 晨光出版社
地　　址　昆明市环城西路609号新闻出版大楼
邮　　编　650034
发行电话　(010) 88356856 88356858
印　　刷　北京协力彭普包装制品有限公司
经　　销　各地新华书店
版　　次　2021年3月第1版
印　　次　2021年5月第2次印刷
ISBN　978-7-5715-0580-6
开　　本　165mm×230mm 16开
印　　张　10.5
字　　数　116千字
定　　价　39.80元

退换声明：若有印刷质量问题，请及时和销售部门（010-88356856）联系退换。